国家科学技术学术著作出版基金资助出版

植被化河道水沙动力学

槐文信　王伟杰　李硕林　著

科学出版社

北　京

内 容 简 介

本书全面阐述植被化河道泥沙运动的概念、理论及最新研究成果。主要内容包括植被环境下的流速特性、能量分布、泥沙起动、悬移质分布及输沙率计算等，研究方法包含理论分析、解析模型及数值模型等。本书着重阐述植被环境水沙运动基础理论，并为植被水生态修复提供理论支撑，力求通过简单、易懂的语言和详细的公式推导使读者快速、高效地理解环境水沙动力学的相关知识，并在书末附有参考文献，便于读者深入研究时参考。本书部分插图附有彩图二维码，扫码可见。

本书可作为水利类、环境类相关专业研究生的教材，也可作为相关专业教师、研究人员、学生进行环境水力学研究的参考书，同时可供水利、环保及生态等部门的管理人员参考。

图书在版编目（CIP）数据

植被化河道水沙动力学/槐文信，王伟杰，李硕林著.—北京：科学出版社，2023.11
　ISBN 978-7-03-076879-7

　Ⅰ.① 植⋯　Ⅱ.① 槐⋯　②王⋯　③李⋯　Ⅲ.① 水生植物-影响-河道-含沙水流-泥沙运动-研究　Ⅳ.① TV147

中国国家版本馆 CIP 数据核字（2023）第 217394 号

责任编辑：何　念　张　湾/责任校对：高　嵘
责任印制：彭　超/封面设计：无极书装

科学出版社 出版
北京东黄城根北街 16 号
邮政编码：100717
http://www.sciencep.com

武汉中科兴业印务有限公司印刷
科学出版社发行　各地新华书店经销
*
开本：787×1092　1/16
2023 年 11 月第 一 版　　印张：11 1/4
2023 年 11 月第一次印刷　　字数：267 000
定价：**118.00 元**
（如有印装质量问题，我社负责调换）

序

　　天然河道中的植被是河流生态系统的重要组成部分，具有净化水质、减少滩岸侵蚀、稳固河床和提供生态栖息地等多种作用。近年来，在我国长江等主要河流的河道和航道整治工程中，以植被为主要形式的生态护岸或护滩技术也得到了越来越多的应用。然而，水生植被的存在增加了河床阻力，不仅会使局部水流结构改变、泥沙落淤，还可能导致河道水位升高、行洪能力下降。另外，河流作为重要的生源物质载体和碳源输运通道，其中的植被区域也构成源或汇的一部分。因此，系统研究河道中植被对水沙运动的影响机理，对于我国的河湖保护、生态水利建设都具有重要的意义。

　　在传统意义的河流动力学中，一般将植被影响简单概化为经验性的修正系数，但对植被-水流-泥沙耦合作用力学机理的认识不足，造成概化模型对水沙运动的描述与许多实际情况相去甚远，其结果在适用范围、合理性等方面存在较多局限。要克服这些局限，需要从机理层面对植被影响下的河道水沙运动形成更为深刻的认识，还需要突破传统河流动力学中的一些概念和理论模式在植被存在情况下无法适用的难题。

　　该书瞄准植被化河道中的水沙运动规律，全面阐述植被化河道的水流结构、阻力变化特征和泥沙输运机制，包括植被环境下的流速特性、能量分布、泥沙起动、悬移质分布及输沙率计算等内容。书中在多个方面独辟蹊径，提出多种新颖的理论模式或功能更完善、精度更高的计算公式，解决植被影响下水沙运动无法从机理层面实施量化描述的难题，克服传统方法只能依靠经验参数的缺陷，可直接为工程实践提供指导。书中的研究方法包含理论分析、解析模型及数值模型等，所开展的大量水槽实验工作为该领域的研究提供了宝贵的基础数据依据，能够给本行业内的研究人员带来知识引领和进一步探索创新的启发。

　　槐文信教授是我国最早聚焦植被水沙研究的知名学者之一，其团队十余年来在国家自然科学基金项目的资助下开展了系统、深入且卓有成效的工作。该书是这些成果的进一步凝练和升华，全书的理论体系完整、内容全面，许多认识是在国内外首次提出的，它的出版将推动植被环境下水沙运动基础理论的进步，并将推进传统河流水沙动力学和新兴河流生态学的交叉融合。

中国工程院院士

四川大学常务副校长

2023 年 5 月 10 日

前　言

对于河流的生态修复，植被修复是基于自然的解决方案，是关键及主要的措施。一方面，由于植被的存在，会产生水流阻力，对行洪不利。另一方面，植被可通过吸收养分和产生氧气来改善沿海与内陆水域的质量，还可通过阻挡水流和改变局部水流条件提供许多重要的生态系统服务。而在实际情况下，植被覆盖下的生态河道也是天然河流中常见的河道形态。因为水流边界因植被而改变，含植被的明渠水流问题给传统的水力学及泥沙研究带来了一系列的挑战，所以植被-水流-泥沙之间的相互作用日益成为急需研究透彻的课题。

武汉大学槐文信教授团队自 2007 年以来就致力于植被化河道水沙动力学的研究。本书针对不同水流条件、不同植被布置条件下的水流运动与泥沙输移进行了深入和系统的研究，全书分为 12 章，第 1~5 章主要阐述植被化河道的水动力机理及模型研究，第 6~12 章主要阐述植被环境下的泥沙运动特性及模型研究。各章的具体内容为：第 1 章阐述植被化河道水沙动力学的国内外研究进展及未来发展趋势；第 2 章阐述植被化河道阻力系数的特性及表述方法；第 3 章展示植被化矩形河道中淹没植被和漂浮植被影响下的水流运动特性；第 4 章阐述植被化河漫滩复式断面环境中水深平均流速的横向分布特性及相关模型；第 5 章基于水流能量的耗散与传递机理，探讨淹没植被水流的能量平衡关系；第 6 章基于理论分析与推导，给出植被环境下的泥沙起动新公式；第 7 章给出挺水植被环境下推移质输沙率的特点及计算方法；第 8 章应用随机位移模型研究植被化河道中悬移质浓度的分布规律；第 9 章采用解析方法给出植被水流中的悬移质浓度垂向分布表达式；第 10 章通过考虑含沙水流和清水水流之间的能量损失的绝对值，推导出新的公式来预测植被环境中的悬移质输沙能力；第 11 章基于实验和理论分析，研究淹没植被密度和水深平均流速对植被水流流速、紊动能及植被区内沉积模式的影响；第 12 章模拟植被斑块中沉积物沉积概率的剖面，并着重通过创新的随机位移模型研究湍流动能对沉积概率的影响。为方便表述，本书符号按章统一形式和含义。

本书内容属于原创成果，得到了国家自然科学基金国际（地区）合作交流项目"河漫滩植被对河流物质耦合输移的多尺度影响效应及调控"（52020105006）、国家自然科学基金面上项目"挺水植被环境中逆向射流和浮力射流近区稀释机理研究"（11672213）及国家自然科学基金面上项目"近岸植被化河道水流混合层及相干结构"（11872285）的资助。

植被化河道水沙动力学是涉及环境科学与河流动力学的交叉学科，愿与同仁共同交流和探讨。在本书的写作过程中，作者力求审慎，但由于作者水平有限，书中不足之处在所难免，恳请读者多方指正。

作 者

2022 年 7 月 1 日

目　录

第 1 章　绪　　论

　　河流生态系统是自然界中重要的生态系统之一，具有供水、防洪、交通、动植物栖息地等重要功能，在自然、社会中占据重要的地位。而天然河道中或多或少都存在植被覆盖，这些植被有些是人为种植的，有些则是自然生长的。一方面，水生植被的存在增加了河床的阻力，使河道的水位升高，水流的平均流速减小，并且迫使部分水流动能转化成紊流脉动动能，降低了河道的行洪能力。另一方面，水生植被的存在可以稳固河槽，控制水流流态，减少水流对河床、边滩及岸坡的冲刷，维持河床和河岸的稳定，在改善水中生物生存环境的同时，滞留水中的污染物质，净化河流湖泊等水体的水质，在生态系统的和谐稳定及生态环境的保护过程中发挥着重要作用。此外，水生植被对水流速度、湍流结构、动量交换过程及泥沙输移有显著影响。因此，植被-水流-泥沙之间的相互作用日益成为急需研究透彻的课题。

　　目前，很多学者对植被存在情况下的水流流速分布进行了研究分析（唐雪，2016；王伟杰，2016；Chen et al.，2010；White and Nepf，2008），水流流速分布是植被水流的基本特征，它关系到河道流量的预测和水流流动形式的预测分析。求解水流流速分布的方法主要分为两大类：数值模型和解析模型（Stoesser et al.，2009）。数值模型，如大涡模拟模型、二维点阵模型、雷诺应力模型等，其优点是可以比较准确地预测水流流速分布，但同时存在计算量较大、耗时长、物理机理不够清晰等弊端。解析模型可以得到水流流速分布的表达式，其优点是具有清晰的计算方法且相对方便、快捷。在求解植被水流的流速分布特性时，依照河道的断面形状及控制方程的不同，可以将水流沿横向分为两区、三区或四区进行流速求解分析（Devi and Khatua，2016；Huai et al.，2008）。在刚性非淹没植被覆盖的复式河道的植被水流研究中，Huai 等（2008）根据复式河道的几何结构，将其分为三个区域：平滑主河槽区、带有斜坡的主河槽区及边滩植被区域，利用涡黏模型理论求解横断面的流速分布。此外，Huai 等（2009a）将水流分成主槽区（无植被）和边滩区（有植被），在边滩区内忽略二次流的影响，在主槽区中考虑二次流的影响，利用深度平均的 Naiver-Stokes 方程求解出了流速分布的解析解。Fernandes 等（2014）基于深度平均的 Naiver-Stokes 方程，根据混合层宽度，将复式河道细分成四个区域：主槽充分发展区域、主槽混合层区域、边滩混合层区域、边滩充分发展区域，根据实测资料确定每个区域的二次流系数，得到了横断面的流速分布。Liu 等（2013）同样利用深度平均的 Naiver-Stokes 方程，获得了刚性淹没与非淹没植被覆盖的复式河道水流流速的横向分布解析解。他们分析了在横断面的四个区域内二次流对流速的影响，并且发现二次流系数与相对水深有反相关关系，以及二次流方向是由子区域内水流的旋转方向决定的。Chen 等（2010）为了避免深度平均的 Naiver-Stokes 方程中因量纲存在而产生的弊端，即无法分清重力项和摩擦阻力项对水流流速的影响，所以对方程进行无量纲化处理，得到了纵向流速的横向分布。分析发现，重力项决定流速的大小，摩擦阻力项决定流速的分布情况。

在无植被的河道中，泥沙运动已被许多研究者研究过（Wan Mohtar et al.，2020；Li and Katul，2019；Ali and Dey，2017；Celik et al.，2013；Goncharov，1962；Li，1959；Levy，1956；Shamov，1952；Shields，1936）。而在植被化河道中，由于植被与水流的相互作用，植被化河道内的水流结构和湍流比裸床上复杂得多。Tang 等（2013）通过水槽实验发现，有植被河道的泥沙运动现象与无植被河道有明显的不同。他们以观测结果为基础，将泥沙随植被运动的状态分为三个阶段。第一阶段，流速相当低，没有泥沙颗粒在河床上移动。第二阶段，随着流速的增加，部分圆柱体周围的泥沙颗粒开始运动，冲刷孔达到平衡状态；然而，植被区不存在净输沙现象。第三阶段，随着流速持续增加到某一定值，出现由植被区向外的净输沙现象。在有淹没植被的水流中，也观察到了同样的现象（薛万云 等，2017）。Yang 等（2016）通过实验探索了有刚性植被生长的明渠的初始泥沙运动。然而，不同于其他研究（Shahmohammadi et al.，2018；薛万云 等，2017）在河道底部铺撒一层足够厚的沙来模拟自然河床，Yang 等（2016）在粗糙的河床底部铺撒了一层薄薄的沙。因此，在他们的实验中，在圆柱体周围没有观察到明显的冲刷孔，这意味着泥沙的初始运动是在平坦的河床上。

植被明渠流中的水生植被对水流速度、湍流结构、动量交换过程及泥沙输移有显著影响。以往的研究表明，由于垂直方向上紊流强度变化较大，有植被明渠中的悬移质浓度（suspended sediment concentration，SSC）垂直剖面比无植被明渠复杂得多。Kim 等（2018）、Västilä 和 Järvelä（2018）对圆形植被斑块内部和周围悬移质沉积的研究表明，植被增强了植被区域的泥沙沉积。这些研究表明，水生植被对泥沙输移速率有很大影响。时钟等（1998）通过对不同实验条件下的水流紊动结构、近底层流速和 SSC 进行现场测定，探讨了海岸植物的存在对细颗粒泥沙运动的影响，结果表明，植物对水流的阻滞作用使近底层流速减小，SSC 较低。拾兵和曹叔尤（2000）指出，植被会抑制水流紊动，悬移质颗粒受到的向下的重力作用大于向上的水流紊动作用，导致部分泥沙落淤。Elliott（2000）通过开展植物形态对细颗粒泥沙沉积影响的实验证明，植被能够促进泥沙的落淤，且悬移质落淤量与植被的形态、密度及泥沙粒径有关，植被有枝叶时促淤作用更强，但枝叶面积与落淤量并非正相关。Baptist（2003）在非均匀流条件下进行了有、无植被泥沙运动的对比实验，结果表明，稀疏植被条件下泥沙输移得到加强，由于植被水流紊动加强，河床附近的湍流对再悬浮起作用，能让沉积的泥沙再次运动并保持悬浮状态。郭长城等（2006）研究了不同种类的植被对悬移质的沉降作用，发现沉积量随泥沙浓度的增大而增加。曹昀和王国祥（2007）构建了淹没植被水流的串联系统，探讨了不同相对淹没度下植被对 SSC 和沉降量的影响，结果显示，植被可以降低水体中的 SSC，且降低程度随水力停留时间的延长而加大。菹草的吸附作用促进了挟沙水流中悬移质颗粒的絮凝，加大了悬移质颗粒的质量，减少了再悬浮并促进了泥沙沉降。van Katwijk 等（2010）观察到，稀疏的植被与河床沙化和细颗粒及有机物质的减少有关，认为稀疏植被内的紊动强度相对于无植被区域更高。随着植被密度的增加，河床逐渐从沙化（湍流强度增大）转变为落淤（湍流强度减小）。至于植被水流中 SSC 的分布，由于 SSC 的数据存在实验操作难度高和测量准确度较低的问题，相关论文屈指可数，吕升奇（2008）通过实验研究了刚性植被对水体中泥沙颗粒沉速和 SSC 垂向分布的影响，分析了不同植物密度和水流条件下水流紊动对悬移质分布的作用机理。

许多学者对植被水流中的泥沙沉积模式进行了研究。Ortiz 等（2013）研究发现，无论泥沙局部区域的平均速度如何，湍流紊动能（turbulent kinetic energy，TKE）高的区域泥沙沉积量少，即颗粒再悬浮现象增强，这说明 TKE 是影响颗粒沉降的主导因素之一。Liu 和 Nepf（2016）研究了明渠断面流速和植被茎秆所产生的紊动能对植被斑块内部与附近泥沙沉积的影响，揭示出当植被茎秆处的雷诺数大于 120 时，植被茎秆附近会产生紊动能。还有一些学者对泥沙沉积模式的相关特征长度进行了研究分析（Chen et al.，2012）。Zong 和 Nepf（2012）定义从植被斑块后缘到卡门涡街形成位置处之间的距离为 L_{kv}，总结出该长度尺度与植被斑块直径、明渠断面流速、植被斑块下游行进流速和植被斑块旁边的行进流速之间的经验公式。Chen 等（2012）指出，在植被斑块后的一段距离内会出现泥沙的淤积现象，淤积区域的长度尺度与植被斑块直径和植被高度有关。除了植被斑块内的泥沙输移，连续植被区内的泥沙输移也吸引了不少学者的注意（Follett and Nepf，2018；Ricart et al.，2017；Gacia and Duarte，2001）。Zong 和 Nepf（2010）发现，当连续植被斑块覆盖明渠水槽的一侧时，植被区前端的泥沙沉积量相比于空河床的泥沙沉积量有明显的减少，他们认为这是由植被引起的强紊动造成的。Lawson 等（2012）和 van Katwijk 等（2010）发现，在稀疏的植被区内，由于紊动强度的增强，泥沙颗粒的再悬浮比较容易发生。淹没植被的密度影响了水流分布和紊动强度等特性，相反，这些水流特性会影响泥沙的再悬浮和沉降。Luhar 等（2008）认为，当无量纲化的植被密度较大时，植被冠层处的剪切层不能入侵到河床底部，由植被阻力引起的植被区内流速的减小及近河床紊动能的减小将导致泥沙的沉积量增加。当海草密度大于 0.4 株/m^2 时，泥沙再悬浮现象明显减弱（Luhar et al.，2008；Moore，2004）。van Katwijk 等（2010）认为，较密的海草植被会使植被区内出现泥沙沉积现象，即细小颗粒及有机物在河床中的含量会增加。相反，对于较稀疏的海草植被，近河床的紊动能会因为两个原因而有所增加：第一，因为植被密度不大，植被区内的流速没有明显减小，所以植被茎秆会产生紊动能；第二，植被冠层产生的剪切层可以侵入河床（Luhar et al.，2008），所以细小颗粒在稀疏植被区内的沉积量会减少。Lawson 等（2012）在不同密度的海草植被区内，测量了泥沙粒子的再悬浮情况，发现在单位河床面积上，植被个数小于 250 株时，泥沙的侵蚀率随着植被密度的增大而增大，这可能是由于在稀疏植被情况下，近河床的紊动能随着植被密度的增大而增大。然而，当植被密度增大到 558 株/m² 时，泥沙侵蚀现象明显减弱。前人的研究展示了植被密度和紊动强度会影响淹没植被区域内的泥沙沉积情况，但这两个因素如何影响泥沙沉积模式，研究得还不够充分。

　　总体来讲，针对植被、水流及泥沙之间复杂的相互作用的研究，目前国内外处于起步阶段，需要学者进一步探索分析，从而尽可能为实际工程提供可靠的理论支撑。

植被化河道阻力系数特性

植被与水流之间存在着复杂的相互作用，其对于河流的生态修复和河道整治等都有着重要的意义。本章对植被存在情况下的一维水流运动特性进行研究，分别从静态双层模型及其悬浮层的角度展开，并在水流和植被相互作用的基础上，提出一种辅助河床。利用辅助河床，建立由基流层和悬浮层组成的双层植被水流动力学模型，对有植被的渠化流动方程进行修正。而且这种新方法提出了一种名为"有效相对粗糙度高度"的参数来预测悬浮层的摩擦系数，该参数类似于无植被覆盖的明渠的相对粗糙度高度。通过对收集的数百个数据集的分析，提出了一系列基于有效相对粗糙度高度与悬浮层摩擦系数关系的计算公式。通过比较新旧公式的精度发现，新公式对流量、曼宁系数和谢才系数的估计比以前发表的公式更为精确，并最终给出一维植被水流运动特性。

2.1 阻力模型构建

水流阻力是水力学研究中的一个重要问题，在天然河道中，存在着各种水生植物，这些水生植物增加了河道的阻力系数，使得水流的平均流速减小，对水流结构的调整和污染物的混合输移起到了十分重要的作用，所以研究植被与水流的相互作用对于河流的生态修复和河道整治等都有着重要的意义，为了对河道进行生态修复和生态环境设计，掌握植被河道的过流能力是先行的基础性工作。估算天然河流水流阻力的方法，尤其是植被水流中水流阻力的方法仍处于探索阶段。植被和水流之间存在着复杂的相互作用，这导致了不同长度范围的涡流和旋转运动（Huthoff et al.，2007）。然而，在天然河流中，植被覆盖的明渠水流通常是湍流，在工程中最常用的是平均流速，而不是显式的流速分布。在淹没植被流中，通常采用分层方法来分析不同的流态。研究发现，在明渠中计算平均流速和能量损失时，达西-魏斯巴赫摩擦系数 f 是一个重要的物理参数。为避免表达式过于复杂，学者采用达西-魏斯巴赫摩擦系数 f 估算了在高雷诺数水流下的平均流速，因此提出了几个有用的经验公式（Cheng，2011；Huai et al.，2009b；Huthoff et al.，2007；Baptist et al.，2007）。这些研究大多基于静态模型，将水流分为水层（Layer I）和植被层（Layer II），如图 2.1.1所示，两层的边界在树冠的顶部。虽然这种双层模型被广泛使用，但不足以反映冠层湍流的独特特征（Raupach et al.，1996）。图 2.1.1 中，λ_1、λ_2 为植被密度，h_s 为水从表面到冠层顶部的深度，h_v 为植被高度，H 为水深。

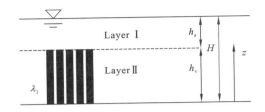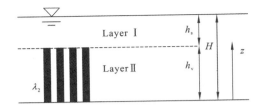

(a)λ_1工况下的静态模型　　　　　　　　　　(b)λ_2工况下的静态模型

图 2.1.1　植被水流静态双层模型（Li et al.，2015）

为了解决上述问题，本章采用了由基流层和悬浮层组成的双层植被水流动力学模型。在这个动力学模型中，提出了用有效相对粗糙度高度来反映悬浮层的摩擦系数，建立了有效相对粗糙度高度与悬浮层摩擦系数关系的经验公式，为估算大流量流速、曼宁系数和谢才系数提供了依据。本章使用刚性柱体来模拟植被的茎。

2.1.1　静态双层模型

在以往的研究中，研究者普遍采用的是一个从几何角度划分的静态双层模型，该模型在植被顶部将水流分成两部分。然而，该模型的应用存在一些瑕疵，如当植被密度λ不同时，由于植被对水流产生的阻挡效应明显不同，所以分区方式就不应该相同。如图 2.1.1（a）和（b）所示，两种工况下$\lambda_1 > \lambda_2$，在以前的研究中都是从植被顶部分开，这很明显是不合适的。

2.1.2　动态双层模型

为了解决上述问题，有必要对植被所产生的物理效应进行分析，重新构建一个比较合理的分区模型。在植被顶部，大量的研究表明这里存在一个混合层，该层的剪切力是引起 K-H 涡（Kelvin-Helmholtz vortex）的最主要的原因，当水流深度大于两倍的植被高度，即$H \geqslant 2h_{\mathrm{v}}$时，自由水层就不会受到剪切涡的作用，因此在植被顶部，紊动效应就可以扩散到植被内部，为了计算深入的长度，Nepf 等（2007）定义了一个植被剪切层物理量：

$$\mathrm{CSL} = \frac{U C_{\mathrm{D}} a}{\partial U / \partial z} \tag{2.1.1}$$

式中：U 为植被处的平均流速；C_{D} 为拖曳力系数，可以近似取为 1.13；$a = 4\lambda/(\pi d)$为单位体积下植被所占的面积，d 为茎秆直径。CSL 可以用平衡量 $\mathrm{CSL}_{\mathrm{eq}}$ 来描述。

当$z = h_{\mathrm{v}}$时，紊动量度 $U/(\partial U/\partial z)$可以用来度量摩阻层涡：

$$L_{h_{\mathrm{v}}} = \left. \frac{U}{\partial U / \partial z} \right|_{z = h_{\mathrm{v}}} \tag{2.1.2}$$

这样一来，式（2.1.1）可以简化为

$$CSL_{eq} = C_D a L_{h_v}$$

（2.1.3）

式（2.1.3）可以用于估计入侵深度 δ_e 的值，δ_e 表示从植被顶部到紊动减小至其峰值的 10%的点的距离，同时，因为 $\delta_e \sim L_{h_v}$，所以有

$$\delta_e \sim \frac{CSL_{eq}}{C_D a}$$

（2.1.4）

根据 Nepf 等（2007）的实验数据，式（2.1.4）只适用于 $C_D a h_v > 0.25$ 的情况。当 $0.1 < C_D a h_v < 0.25$ 时，δ_e / h_v 是介于 0.85 和 1 的定值，因而 δ_e 可以用式（2.1.5）计算：

$$\delta_e = \begin{cases} \dfrac{0.21 \pm 0.03}{C_D a}, & C_D a h_v > 0.25 \\ (0.85 \sim 1) h_v, & 0.1 < C_D a h_v < 0.25 \end{cases}$$

（2.1.5）

上述只适用于 $H \geqslant 2h_v$ 的情况。当 $H < 2h_v$ 时，入侵深度 δ_e 将会受河床影响而减小。此时，L_{h_v} / h_v 不再是定值，而是随 H/h_v 的变化而改变，图 2.1.2 展现了其变化规律。

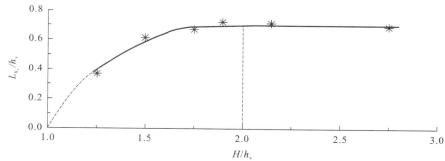

图 2.1.2　L_{h_v}/h_v 与 H/h_v 的变化关系（Li et al.，2015）

根据图 2.1.2 可以把入侵深度的计算公式修正为

$$\delta_e = \beta \times \begin{cases} \dfrac{0.21 \pm 0.03}{C_D a}, & C_D a h_v > 0.25 \\ (0.85 \sim 1) h_v, & 0.1 < C_D a h_v < 0.25 \end{cases}$$

（2.1.6）

式中：β 为修正系数，当 $H < 2h_v$ 时，$\beta = H/2h_v - 1$，当 $H \geqslant 2h_v$ 时，$\beta = 1$。这样，式（2.1.6）就是适用于所有工况的入侵深度计算公式。

因此，将 $z = \delta_e$ 的平面命名为"新河床"，因为在这个平面上下水流的结构存在着明显的变化，由此就可以将水流分为两部分，由于 δ_e 是变化的，所以该双层模型是动态的，对于不同的工况，模型的划分方式都是变化的。划分后的模型如图 2.1.3 所示。

如图 2.1.3 所示，由于 K-H 涡影响的最大深度为 δ_e，所以称下层为基流层，上层称为新河床作用下的悬浮层。

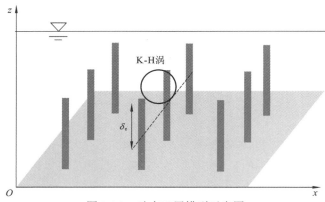

图 2.1.3　动态双层模型示意图

2.1.3　基流层动量方程

在基流层内，水流受剪切力、重力及植被引起的拖曳力的作用。Cheng 和 Nguyen（2011）的研究表明，在基流层内的流动近似于非淹没植被水流的流动，所以有如下关系：

$$F_D \sim U_{ba}^2 \qquad (2.1.7)$$

式中：F_D 为植被引起的拖曳力；U_{ba} 为植被周围的时均流速，当植被密度 λ 足够大，且基流层断面被植被阻挡时，Cheng 和 Nguyen（2011）建议可以用植被间的平均流速 $U_{bv} = U_b/(1-\lambda)$ 来代替 U_{ba}，U_b 是断面平均流速。

由此，在基流层内单宽流量可以计算为 $Q = U_b B(h_v - \delta_e)$，$B$ 为截面宽度。同时，在这一层内可以认为紊动切应力是零，所以这一层的动量方程就可以写作：

$$gS(1-\lambda) = \frac{1}{2}C_{Dv} a U_{bv}^2 \qquad (2.1.8)$$

式中：C_{Dv} 为植被引起的拖曳力系数；g 为重力加速度；S 为水力坡度，采用 Cheng 和 Nguyen（2011）提出来的公式计算。

$$C_{Dv} = \frac{130}{\{\pi(1-\lambda)d / [(4\lambda)(gS/v^2)]\}^{130.85}} \qquad (2.1.9)$$

其中，v 为水的黏性系数。

这里定义一个无量纲的特征长度 $h_* = 2(1-\lambda)/(C_{Dv}a)$，那么由式（2.1.8），就可以得到基流层植被间的平均流速公式，为

$$U_{bv} = \sqrt{gh_*S} \qquad (2.1.10)$$

2.1.4　悬浮层阻力系数

Poggi 等（2009）利用达西-魏斯巴赫公式研究阻力系数，受此启发，下面对整个悬浮层的阻力系数进行研究。在悬浮层也可以利用相似的原理，定义该层的阻力系数为

$$f_u = \frac{8g(h_s + \delta_e)S}{U_u^2} \qquad (2.1.11)$$

式中：U_u 为悬浮层的水流断面平均流速，根据该流速可以计算悬浮层的单宽流量，为 $q_u = U_u(h_s + \delta_e)$。

考虑到淹没植被水流也是明渠流动的一种形式，假设悬浮层水流的阻力系数也可以用相对粗糙度来衡量，在悬浮层中，被植被占据的河床部分才是主要产生相对粗糙度的部分，也就是说，床面的粗糙度主要是由植被引起的，根据量纲和谐原理，可以推导出来，在悬浮层，相对凸出来的部分主要是入侵深度 δ_e，即粗糙的特征长度可以用入侵深度 δ_e 来表示，因为它是出现创面不规则的主要原因，在这一点上，明渠和植被水流的最主要区别是植被水流中凸出来的特征长度明显比光滑的壁面要长，且密度要小，所以可以用无量纲的植被密度 λ 来反映这一变化，因此植被水流中悬浮层的有效特征长度为 $\lambda\delta_e$，在这里 λ 只反映了平面上植被的疏密程度，因此它是一个平面上的量，所以并不会对悬浮层的厚度 $h_s + \delta_e$ 这一竖直方向上的量产生影响。换句话说，植被的密度 λ 只反映有多少有效的入侵深度 δ_e 来产生粗糙效应，由于它是一个描述有效的量，所以并不会影响水深。

在明渠中，根据 Strickler（1923）提出来的相似性准则，有 $f \sim k_s/H$，即达西-魏斯巴赫摩擦系数与相对粗糙长度相似（k_s 为等效沙粒粗糙度），将这一思想运用到悬浮层，就可以类似地得到悬浮层的阻力系数表达式，为

$$f_u \sim \frac{\lambda\delta_e}{h_s + \delta_e} \qquad (2.1.12)$$

2.2　实　　验

采用 Li 等（2015）收集到的 Shimizu 等（1991）、Dunn 等（1996）、Meijer 和 van Velzen（1999）、López 和 García（2001）、Stone 和 Shen（2002）、Poggi 等（2004a）、Ghisalberti 和 Nepf（2004）、Murphy 等（2007）、Liu 等（2008）、Nezu 和 Sanjou（2008）、Yan（2008）、Yang（2008）、Cheng（2011）的数据进行实验。

2.3　分析与讨论

2.3.1　阻力系数表达式

为了验证式（2.1.12），采用上述实验数据来进行分析，因为 δ_e 的计算公式对于 $H < 2h_v$ 和 $H \geqslant 2h_v$ 是不同的，所以将所有的实验数据分为两大组，有 148 组 $H \geqslant 2h_v$ 的实验数据，用这些数据点绘出阻力系数与悬浮层相对粗糙度的关系，剩余的 175 组 $H < 2h_v$ 的实验数据用来验证式（2.1.6）的精确性。所有数据都被描绘在了图 2.3.1 中，并标注了数据的来源。

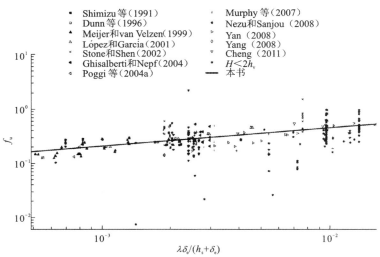

图 2.3.1　f_u 与 $\lambda\delta_e/(h_s+\delta_e)$ 之间的关系图（Li et al.，2015）

通过观察图 2.3.1 可以发现，f_u 与 $\lambda\delta_e/(h_s+\delta_e)$ 之间大致呈现一种线性的关系，且两者之间的皮尔逊常数为 0.7，这也说明两者之间存在一种强相关的联系，这一点充分验证了本章的假设，所以在悬浮层中给出来的阻力系数的关系式是正确的，除了个别几个实验点对所拟合的直线有一些偏离，这可能是由式（2.1.6）只采用简单的线性拟合造成的。因此，可以得到悬浮层阻力系数的具体表达式：

$$f_u = 2.08\left(\frac{\lambda\delta_e}{h_s+\delta_e}\right)^{1/3} \tag{2.3.1}$$

巧合的是，这里的指数也是 1/3，与明渠中 Strickler（1923）的指数是一致的。

有了式（2.3.1），就可以求出悬浮层的平均流速，将式（2.3.1）代入式（2.1.11）得

$$U_u = \sqrt{8gS(h_s+\delta_e)\bigg/\left[2.08\left(\frac{\lambda\delta_e}{h_s+\delta_e}\right)^{1/3}\right]} \tag{2.3.2}$$

或者写为

$$U_u = 1.96\left(\frac{h_s+\delta_e}{\lambda\delta_e}\right)^{1/6}\sqrt{gS(h_s+\delta_e)} \tag{2.3.3}$$

根据实验数据所给出的公式的适用范围为 $H/h_v \in (1.1, 7.5)$。

沿用 Huthoff 等（2007）与 Yang 和 Choi（2010）分层后对整个植被水流全断面的计算方法：

$$U = \frac{U_u(h_s+\delta_e) + U_{bv}(h_v-\delta_e)(1-\lambda)}{H} \tag{2.3.4}$$

可以得出动态模型下，含有淹没植被的明渠水流的平均流速为

$$U = \sqrt{gHS}\left[\frac{1.96(h_s+\delta_e)^{5/3}}{(\lambda\delta_e)^{1/6}H^{3/2}} + (1-\lambda)\frac{(h_v-\delta_e)h_s^{1/2}}{H^{3/2}}\right] \tag{2.3.5}$$

相似地，根据曼宁公式（$n=H^{2/3}S^{1/2}/U$）（Cheng，2011），可以得到此时的曼宁系数为

$$n = \frac{H^{5/3}}{\sqrt{g}} \left[\frac{1.96(h_s + \delta_e)^{5/3}}{(\lambda \delta_e)^{1/6}} + (1-\lambda)(h_v - \delta_e) h_*^{1/2} \right]^{-1} \qquad (2.3.6)$$

2.3.2　公式精度比较

本小节主要列举了一些已有的估算含有淹没植被的水流的全断面时均流速的计算公式。

（1）Stone 和 Shen（2002）：

$$U = 1.385 \left(\frac{H}{h_v} \sqrt{\frac{\pi}{4\lambda}} - 1 \right) \sqrt{gdS'} \qquad (2.3.7)$$

式中：S' 为植被引起的水力坡度，在一般的计算中可以认为 $S'=S$。

（2）Baptist 等（2007）：

$$U = \left[\sqrt{\frac{1}{g/C_b^2 + 2C_D \lambda h_v/(\pi d)}} + 2.5\ln\left(\frac{H}{h_v}\right) \right] \sqrt{gHS} \qquad (2.3.8)$$

式中：C_b 为与谢才系数相关的参数，我们一般记为 $60\ \mathrm{m}^{0.5}/\mathrm{s}$；$C_D$ 为拖曳力系数，认为其近似等于 1.0。

（3）Huthoff 等（2007）：

$$U = \left(\frac{h_s}{H} \left\{ \frac{h_s}{[\sqrt{\pi/(4\lambda)} - 1]d} \right\}^{\frac{2}{3}\left[1 - \left(\frac{h_v}{H}\right)^5\right]} + \sqrt{\frac{h_v}{H}} \right) \sqrt{\frac{\pi gdS}{2C_D \lambda}} \qquad (2.3.9)$$

式中：C_D 为拖曳力系数，认为其近似等于 1.0。

（4）Yang 和 Choi（2010）：

$$U = \sqrt{\frac{\pi gdHS}{2C_D h_v \lambda}} + \frac{C_u \sqrt{gh_s S}}{0.41}\left(\ln\frac{H}{h_v} - \frac{h_s}{H} \right) \qquad (2.3.10)$$

式中：C_D 为拖曳力系数，等于 1.13；对于 $4\lambda/(\pi d) \leqslant 5$，$C_u=1$，对于 $4\lambda/(\pi d) > 5$，$C_u=2$。

（5）Cheng（2011）：

$$U = \left[\sqrt{\frac{\pi(1-\lambda)^3 d}{2C_{Dv} \lambda h_v}}\left(\frac{h_v}{H}\right)^{3/2} + 4.54\left(\frac{h_s}{d}\frac{1-\lambda}{\lambda}\right)^{1/16}\left(\frac{h_s}{H}\right)^{3/2} \right] \sqrt{gHS} \qquad (2.3.11)$$

式中：C_{Dv} 为植被引起的拖曳力系数，计算公式为式（2.1.9）。

正如 Cheng（2011）所述，由于流量的变化范围比其他物理量，如谢才系数、曼宁系数的变化范围要大，所以为了直观地表示公式的精确性，对测量的流量与计算的流量进行了比较，比较结果如图 2.3.2 所示。

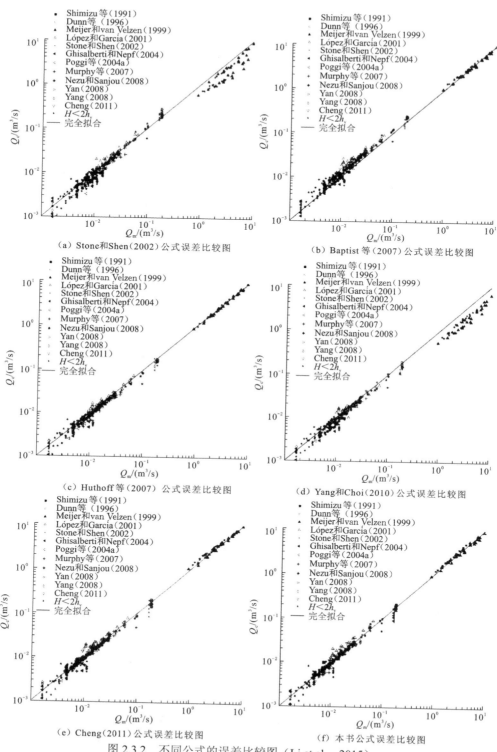

（a）Stone和Shen（2002）公式误差比较图

（b）Baptist等（2007）公式误差比较图

（c）Huthoff等（2007）公式误差比较图

（d）Yang和Choi（2010）公式误差比较图

（e）Cheng（2011）公式误差比较图

（f）本书公式误差比较图

图 2.3.2　不同公式的误差比较图（Li et al., 2015）

Q_c 为流量计算值；Q_m 为流量实测值

为了定量地比较各个公式的误差，表 2.3.1 和表 2.3.2 展示了各个公式计算含有淹没植被的明渠水流的具体误差。

表 2.3.1　各个公式的相对误差（$H \geqslant 2h_v$）

研究者	平均流速相对误差/%	曼宁系数
Stone 和 Shen（2002）	22.7	31.5
Baptist 等（2007）	23.2	17.3
Huthoff 等（2007）	14.3	17.8
Yang 和 Choi（2010）	23.7	36.0
Cheng（2011）	15.0	15.4
本书	14.4	14.8

表 2.3.2　各个公式的相对误差（$H < 2h_v$）

研究者	平均流速相对误差/%	曼宁系数
Stone 和 Shen（2002）	16.0	21.2
Baptist 等（2007）	25.8	20.2
Huthoff 等（2007）	14.0	18.3
Yang 和 Choi（2010）	18.6	26.2
Cheng（2011）	14.4	18.5
本书	12.2	14.9

通过观察图 2.3.2 可以发现，几乎所有的点，包括 $H \geqslant 2h_v$ 和 $H < 2h_v$ 两种情况，都大致满足式（2.3.5），从表 2.3.1 和表 2.3.2 中可以发现，这两种情况下的相对误差在同一个数量级，这说明式（2.1.6）的线性简化方法是合适的。

通过观察图 2.3.2、表 2.3.1 和表 2.3.2 可以发现，Stone 和 Shen（2002）、Yang 和 Choi（2010）都低估了流量的数值，这一现象在流量数值比较大时尤为明显，除此之外，Stone 和 Shen（2002）的公式在流量比较小时，应用效果比较好，这可能是因为，他们在做研究时，所采用的模型数据大部分来自 $H < 2h_v$ 这种情况。Yang 和 Choi（2010）所提出来的对数率的计算公式在应用到植被水流中时出现了较大的偏离，这主要是因为，正如 Nikora 等（2014）所指出的，他们所给出的公式与真实情况存在较大的差异。

通过对式（2.3.7）～式（2.3.11）的分析可以发现，这些公式基本可以写成下面的通式：

$$\frac{U}{U_v} = \left(\frac{h_v}{H}\right)^{c_1} + c_2 \lambda^{c_3} \left(\frac{H}{d}\right)^{c_4} \left(1 - \frac{h_v}{H}\right)^{c_5} \tag{2.3.12}$$

式中：$c_1 \sim c_5$ 为常数；U_v 为植被层流速。

显然，式（2.3.5）并不遵循式（2.3.12）所提到的一般形式。这是因为，本章中提出的公式的物理机制和先前提出的公式中的物理机制是完全不同的。$\lambda\delta_c$不仅取决于植被密度和植被粗细，还与由水力坡度 S 决定的拖曳力系数 C_D 有关。同样地，类比明渠水流，用指数关系来定义两者之间的关系是合适的。

2.4 本章小结

在本章中提出了辅助河床的概念，并建立了一个包括基流层和悬浮层的动态双层模型，该模型可以对淹没植被明渠水流的平均流速、流速和曼宁系数进行缩放。这是对以往明渠水流摩擦系数分析的一种改进，该分析采用了辅助河床动力特性的概念。参考未种植植被的明渠的相对粗糙度高度，建立了淹没植被流中类似影响的参数。有效相对粗糙度高度反映了明渠和植被流的相互影响。根据这一新的分类方法，使用有效相对粗糙度高度来估计悬浮层的摩擦系数。对实验数据的分析表明，用幂律函数来定义辅助河床有效相对粗糙度高度与悬浮层摩擦系数之间的关系是可以接受的。在天然河流中，植被流动是普遍存在的，河流的河床摩擦和湍流受到植被的强烈影响。因此，本章结果可能为河流工程和环境水利工程的研究提供新的思路。

第 3 章　植被化矩形河道流速分布特性

本章考虑淹没植被水流和漂浮植被水流两种情况，且对于这两种情况，本章分别建立了垂向上的三层模型。根据受力情况的不同，植被水流沿垂向从上至下可以分为三层：无植被层、内植被层和外植被层。根据植被水流不同水深之间的水流特性，本章给出了每一层的控制方程，通过数值计算求得每层控制方程的解析解，然后将其用于计算水流纵向流速的垂向分布。对于淹没植被水流和漂浮植被水流的模型，本章使用其他学者的实验数据对模型的正确性进行验证。将模型的计算值与相应数据进行对比，发现它们吻合较好，验证了本章提出的数学模型的正确性与适用性。虽然模型吻合效果较好，但是仍有不足，如模型中所采用的一些参数是由实验数据确定的而非由经验公式计算，这为实际应用增加了难度；还有一些模型是应用于柔性植被的，但却未考虑水流对植被形态的影响。因此，本章提出的模型仍需要进一步改进以应用于实际。

3.1　流速模型构建

3.1.1　淹没植被环境流速分布

淹没植被水流是自然界中普遍存在的一种植被水流形式（图 3.1.1）。为了研究流速和雷诺应力的垂向分布，本章建立了含有微分控制方程的三层模型。通过解析法求解三层模型中各层的微分控制方程，得到纵向流速的解析解。然后将通过解析解计算得到的流速和雷诺应力与实验数据进行对比，验证该数学模型的正确性。

图 3.1.1　淹没植被水流（胡阳，2017）

　　淹没植被根据其淹没深度的不同有着不同的水流结构。淹没深度定义为水深（H）与植被高度（h_c）的比值。植被中的水流主要受到植被顶部（内植被层与无植被层交界面附近，如图3.1.2所示）的紊动应力、压力梯度和重力势能的影响（Nepf，2012a）。这些作用因素的相对影响强度随着淹没深度的变化而变化。根据淹没深度的大小，可以将淹没植被水流分成三类：深度淹没（$H/h_c > 10$，即植被高度相对于水深很小）；浅度淹没（$1 < H/h_c < 5$）；完全淹没（$H/h_c = 1$，即挺水植被）。由于光线射入水中的距离有限，深度淹没的情况很少，大多数是浅度淹没。本章只研究浅度淹没的情况。

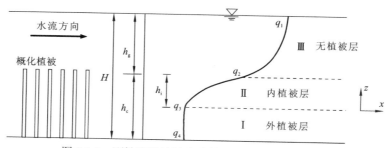

图 3.1.2　刚性淹没植被水流的流速剖面和分层模型

$q_1 \sim q_4$ 为各层的边界点；h_g 为无植被层高度；h_i 为内植被层高度

　　作用于淹没植被水流上的力主要有水流重力、植被拖曳力和雷诺应力。河床底部的摩擦力对流速剖面的影响很小（Lightbody and Nepf，2006a；Ghisalberti and Nepf，2004；Nepf et al.，1997a）。而在紊流中，黏滞项较小，因此底部摩擦力和黏滞应力都忽略不计。图 3.1.2 的左侧是渠道纵剖面图，水流方向从左向右，渠底分布着概化后的植被。图3.1.2的右侧是纵向流速垂向分布的近似剖面图。根据受力情况的不同，植被水流沿垂向从上至下可以分为三层：无植被层、内植被层和外植被层。外植被层中，纵向流速沿水深变化很小，基本上呈直线分布。在外植被层中的受力主要有植被拖曳力和水流重力。河床底部的摩擦力由于作用范围较小，忽略不计。在内植被层，即植被和水流的交界面附近，植被对水流的紊动作用逐渐增强，雷诺应力也逐渐增大。纵向流速和垂向流速梯度沿垂向也不断增大。在内植被层中的受力，除了外植被层中的植被拖曳力、水流重力外，还包括雷诺应力。在无植被层中，水流流速继续增大，垂向流速梯度逐渐减小，雷诺应力和水流重力相互平衡，不存在植被拖曳力的作用。

1）控制方程

　　考虑水流为充分发展的恒定均匀紊流，水流方向的时间和空间双平均动量方程可以表示为（Nikora et al.，2001）

$$-\frac{\mathrm{d}\langle \overline{u'w'} \rangle}{\mathrm{d}z} + gS = \frac{F}{\rho} \tag{3.1.1}$$

式中：$-\langle \overline{u'w'} \rangle$ 为时间和空间双平均雷诺应力；S 为水力坡度；F 为单位体积上的植被拖曳力；ρ 为水的密度；z 为纵坐标，从内植被层和外植被层的交界面算起，如图3.1.2所示。

在标准的雷诺分解中，$u = \bar{u} + u'$，u 为 x 方向瞬时流速，$\bar{u}$ 为时间平均的纵向流速，u' 为脉动流速。同样地，w' 为垂向的脉动流速。式（3.1.1）的推导存在两个假设条件：水体的压力分布为静力分布，植被体积所占比例很小；黏滞应力 $v\partial(\bar{u})/\partial z$（$v$ 为黏性系数）相对于紊动应力而言，数值很小，因此在式（3.1.1）中忽略不计。同样地，由空间变化产生的水流弥散与紊动应力相比也较小，在此也忽略不计。但在稀疏植被中，弥散对水流仍有一定的影响（Poggi et al.，2004a，2004b；Finnigan，2000）。

如果假设植被是刚性的，那么式（3.1.1）中由植被引起的拖曳力 F 可以表示成（Lightbody and Nepf，2006b）：

$$F = \frac{1}{2} \rho a C_{\mathrm{d}} U^2 \tag{3.1.2}$$

式中：a 为植被层中垂向平均后的单位体积上的植被水平投影面积；C_{d} 为植被层中垂向平均后的拖曳力系数；U 为纵向流速。

2）外植被层

从图 3.1.2 中的流速剖面可以看出，外植被层中的流速沿水深方向变化很小，水流的作用力主要有水的重力和植被拖曳力，雷诺应力相对很小，忽略不计。因此，外植被层中的控制方程可以由式（3.1.1）简化为

$$gS = \frac{F}{\rho} \tag{3.1.3}$$

将式（3.1.2）代入式（3.1.3）可得外植被层中纵向流速的计算公式：

$$U_{\mathrm{o}} = \sqrt{\frac{2gS}{C_{\mathrm{d}}a}} \tag{3.1.4}$$

3）内植被层

淹没植被水流根据植被拖曳力和河床摩擦力相对大小的不同，存在两种水流形态。当植被拖曳力相对于河床摩擦力很小时，水流满足紊动边界层剖面条件，此时植被拖曳力可以看作河床摩擦力的一部分（稀疏植被，图 3.1.3）。当植被拖曳力相对于河床摩擦力很大时，植被拖曳力的不连续性产生在植被的顶端，并且在植被和水流的交界面处（点 q_2）产生带有涡旋结构的剪切层（密集植被，图 3.1.4）。对于含有密集植被的水流，将涡旋结构切入植被层的高度范围定义为内植被层。很明显，稀疏植被不存在内植被层。

Belcher 等（2008）通过实验研究发现，粗糙密度 $\lambda_f = ah_{\mathrm{c}} = 0.1$ 可以作为划分稀疏植被和密集植被的临界值（图 3.1.5）。Coceal 和 Belcher（2004）在 $C_{\mathrm{d}} = 2$、植被覆盖度 $\phi = 0.25$ 的实验工况下，把 λ_f 的临界值取为 0.15。通过对实验中测得的植被水流流速剖面的分析可以发现：当 $C_{\mathrm{d}}ah_{\mathrm{e}} < 0.04$ 时，流速剖面在植被中没有拐点，满足紊动边界层剖面条件；当 $C_{\mathrm{d}}ah_{\mathrm{e}} > 0.1$ 时，流速剖面在植被层上部存在转折点。当然，这只适用于单向流的情况。当水流条件存在波浪作用时，植被拖曳力对由波浪引起的流速几乎不会产生影响（Nepf，2012a）。本章只研究密集植被的情况。

图 3.1.3　稀疏植被（胡阳，2017）

图 3.1.4　密集植被（胡阳，2017）

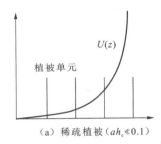
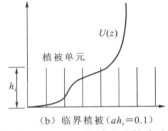
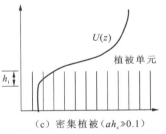

（a）稀疏植被（$ah_c \ll 0.1$）　　（b）临界植被（$ah_c=0.1$）　　（c）密集植被（$ah_c \gg 0.1$）

图 3.1.5　不同淹没植被水流的流速剖面图

Nepf（2012a）研究发现，涡旋切入淹没植被的高度 δ_e 与植被拖曳力系数和单位体积上的水平投影面积的乘积成反比，即

$$\delta_e = (0.23 \pm 0.06)(C_d a)^{-1} \tag{3.1.5}$$

但式（3.1.5）并不完全适用于本章所采用的实验数据。通过对其他学者实验数据（Kubrak et al.，2010；Nezu and Sanjou，2008；Tsujimoto and Kitamura，1990）的回归分析，本章提出了以下计算内植被层高度的经验公式：

$$\frac{h_i}{H} = \frac{\beta}{C_d} \tag{3.1.6}$$

式中：β 为常数。因为稀疏植被不存在内植被层，所以式（3.1.6）只适用于密集植被。由于植被的类型、分布和密度等的不同，β 并不能给出一个精确的数值。但是，从 3.2 节模型应用部分可以看出，除了两个按原型尺度进行的实验（3.2 节中的刚性原型尺度植被和柔性原型植被）外，其余按实验尺度进行的实验的 β 都在 0.30 ± 0.05（表 3.1.1）。此外，原型尺度实验的 β 要明显小于实验尺度的 β，说明用实验方法进行研究将放大水流中的动量交换过程。由于植被拖曳力系数随着水深、河床粗糙系数和雷诺数的不同，其数值也会发生相应的变化（Velasco et al.，2008），所以式（3.1.6）虽然看上去是线性的，实际上却是非线性的。

表 3.1.1　各实验条件下的 β 取值

实验类别	β
刚性圆柱植被	0.33
刚性带板植被	0.30
柔性圆柱植被	0.35
柔性塑料植被	0.28
刚性原型尺度植被	0.18
柔性原型植被	0.09

内植被层由于处于植被和水流的交界面附近，水流的紊动很大，式（3.1.1）中的三种作用力都不能忽略。因此，内植被层的控制方程为式（3.1.1）。

计算雷诺应力（$-\langle \overline{u'w'} \rangle$）的方法有很多，但是大部分都很复杂（Nezu and Nakagawa，1993）。本章采用混合长度理论对雷诺应力进行计算（Rowinski and Kubrak，2002）：

$$-\langle \overline{u'w'} \rangle_i = l_i^2 \left| \frac{\mathrm{d}U_i}{\mathrm{d}z} \right| \frac{\mathrm{d}U_i}{\mathrm{d}z} \qquad (3.1.7)$$

其中，下标"i"表示内植被层。从式（3.1.7）可以看出，$\dfrac{\mathrm{d}U_i}{\mathrm{d}z}$ 恒为正值，因此式（3.1.7）也可以写成：

$$-\langle \overline{u'w'} \rangle_i = l_i^2 \left(\frac{\mathrm{d}U_i}{\mathrm{d}z} \right)^2 \qquad (3.1.8)$$

式中：l_i 为混合长度。Nezu 和 Nakagawa（1993）提出了一种线性的混合长度表达式：

$$l_i = ky \qquad (3.1.9)$$

式中：k 为卡门常数；y 为到边界面的距离。Rowinski 和 Kubrak（2002）提出，式（3.1.9）中的线性关系在距离边界面一定范围内才满足，对于有植被这样的障碍物的水流，当超出临界距离之后，混合长度为常值。在本章中，由于内植被层的高度较小，假设该线性关系在此适用，式（3.1.8）中的 l_i 表示为

$$l_i = k_i z \qquad (3.1.10)$$

式（3.1.10）中的 k_i 理论上应该是卡门常数，并且等于 0.4。卡门常数用于描述无滑移边界层附近的紊流对数流速剖面，与这里的植被水流条件有着明显的不同。因此，在这里，k_i 定义为卡门系数更为合适。联立式（3.1.1）、式（3.1.8）和式（3.1.10）可得

$$2k_i^2 z^2 \frac{dU_i}{dz} \cdot \frac{d^2 U_i}{dz^2} + 2k_i^2 z \left(\frac{dU_i}{dz} \right)^2 + gS = 0.5 C_d a U_i^2 \tag{3.1.11}$$

式（3.1.11）是一个很复杂的微分方程，通过一般的数值解法很难求解。因此，本章将采用幂级数解的方法来求解该微分方程，即假设：

$$U_i = \sum_{n=0}^{+\infty} b_n z^n \tag{3.1.12}$$

由式（3.1.12）便可得到 U_i 的一阶导数 $\frac{dU_i}{dz}$ 和二阶导数 $\frac{d^2 U_i}{dz^2}$ 的表达式：

$$\frac{dU_i}{dz} = \sum_{n=1}^{+\infty} n b_n z^{n-1} \tag{3.1.13}$$

$$\frac{d^2 U_i}{dz^2} = \sum_{n=2}^{+\infty} n(n-1) b_n z^{n-2} \tag{3.1.14}$$

将式（3.1.12）～式（3.1.14）代入式（3.1.11）得

$$2k_i^2 z^2 \sum_{n=1}^{+\infty} n b_n z^{n-1} \cdot \sum_{n=2}^{+\infty} n(n-1) b_n z^{n-2} + 2k_i^2 z \left(\sum_{n=1}^{+\infty} n b_n z^{n-1} \right)^2 + gS = 0.5 C_d a \left(\sum_{n=0}^{+\infty} b_n z^n \right)^2 \tag{3.1.15}$$

由于式（3.1.15）中 b_n 的递推关系式很复杂，在这里不再列出，而是直接对比式（3.1.15）等号左右两边各 z 的指数相等的项，从而求得系数 b_n：

$$\begin{cases} z^0: gS = 0.5 C_d a b_0^2 \\ z^1: 2k_i^2 z \cdot b_1^2 = C_d a z \cdot b_0 b_1 \\ z^2: 2k_i^2 z^2 \cdot 6 b_1 b_2 = 0.5 C_d a z^2 (b_1^2 + 2 b_0 b_2) \\ z^3: 2k_i^2 z^3 (8 b_2^2 + 12 b_1 b_3) = C_d a z^3 (b_0 b_3 + b_1 b_2) \\ \quad \cdots\cdots \end{cases} \tag{3.1.16}$$

$$\begin{cases} b_0 = \sqrt{\dfrac{2gS}{C_d a}} = U_o \\[2mm] b_1 = \dfrac{C_d a}{2k_i^2} U_o \\[2mm] b_2 = \dfrac{1}{40} \left(\dfrac{C_d a}{k_i^2} \right)^2 U_o \\[2mm] b_3 = \dfrac{1}{4\,400} \left(\dfrac{C_d a}{k_i^2} \right)^3 U_o \\[2mm] \quad \cdots\cdots \end{cases} \tag{3.1.17}$$

将式（3.1.17）中的系数应用于幂级数解式（3.1.12）中得

$$U_i = U_o \left(1 + \frac{\xi}{2} + \frac{\xi^2}{40} + \frac{\xi^3}{4\,400} + \cdots \right) \tag{3.1.18}$$

式（3.1.18）即内植被层中纵向流速的计算公式，其中 ξ 为无量纲数，可以转换为下面的形式：

$$\xi = \frac{C_d a}{k_i^2} z = \frac{0.5 C_d a z \cdot U^2 m}{0.5 k_i^2 \cdot U^2 m} = \frac{F_V z}{k_i^2 \cdot 0.5 m U^2} \tag{3.1.19}$$

式中：F_V 为作用于整个水体上的植被拖曳力；m 为水体质量。式（3.1.19）分子上的 $F_V z$ 项可以看作植被拖曳力对水体的作用项。另外，式（3.1.19）分母上的 $k_i^2 \cdot 0.5 m U^2$ 项可以看作卡门系数的平方和水流动能的乘积，而卡门系数又是由植被紊动作用造成的，因此分母可以认为是由植被阻碍造成的掺混过程所引起的动能。整个无量纲数 ξ 可以看成植被对水体的综合作用系数。

4）无植被层

与内植被层相比，无植被层中没有植被，也就没有植被阻力的作用，在控制方程式（3.1.1）中仅考虑水流重力和雷诺应力的作用：

$$-\frac{d\langle \overline{u'w'} \rangle}{dz} + gS = 0 \tag{3.1.20}$$

将式（3.1.20）在无植被层中进行积分，得

$$-\langle \overline{u'w'} \rangle + gSz = C \tag{3.1.21}$$

式中：C 为常数。和内植被层一样，雷诺应力同样用混合长度理论进行计算：

$$-\langle \overline{u'w'} \rangle = l_n^2 \left(\frac{dU_n}{dz} \right)^2 \tag{3.1.22}$$

其中，下标"n"表示无植被层。将式（3.1.22）代入式（3.1.21）得

$$k_n^2 z^2 \left(\frac{dU_n}{dz} \right)^2 + gSz = C \tag{3.1.23}$$

忽略水流表面（即 $z = h_g + h_i = h_v$）处风作用和表面张力的影响，则该边界面处的边界条件为

$$\left. \frac{dU_n}{dz} \right|_{z=h_v} = 0 \tag{3.1.24}$$

将式（3.1.24）代入式（3.1.23），便可求得

$$C = gSh_v \tag{3.1.25}$$

由式（3.1.23）和式（3.1.25）可得无植被层中垂向流速梯度的表达式为

$$\frac{dU_n}{dz} = \sqrt{\frac{gS}{k_n^2}} \sqrt{\frac{h_v - z}{z}} \tag{3.1.26}$$

求解式（3.1.26）便可得到无植被层中流速的计算表达式（Huai et al.，2009c）：

$$U_n = 2\sqrt{\frac{gSh_v}{k_n^2}} \left\{ \ln\left[\tan\left(0.5\arcsin\sqrt{\frac{z}{h_v}} \right) \right] + \cos\left(\arcsin\sqrt{\frac{z}{h_v}} \right) \right\} + C' \tag{3.1.27}$$

式（3.1.27）中的常数 C' 由以下边界条件求得：在无植被层和内植被层的交界面处，有

$$U_n = U_i \tag{3.1.28}$$

3.1.2　漂浮植被环境流速分布

漂浮植被和淹没植被、挺水植被有着很大的不同，其根系漂浮在水面上，与河床底部有一定的距离（图 3.1.6）。从生态学角度研究漂浮植被对湿地环境影响的文章有很多，而研究通过漂浮植被的水流的水动力学性质的文章却很少（Plew，2011）。由于漂浮植被覆盖在水面，在水流表面形成了缓慢流动的水流，降低了水流流速。并且水流表面附近的流场和没有漂浮植被的自由流场截然不同，这样的现象和淹没植被非常类似，只是淹没植被和漂浮植被在水中的位置不同。

图 3.1.6　漂浮植被（胡阳，2017）

从图 3.1.7 中可以看出，漂浮植被水流的外植被层和淹没植被水流的外植被层的流速剖面相同，沿水深的变化很小，植被的紊动作用与水流切应力逐渐减小。因此，漂浮植被水流在外植被层中的受力与淹没植被水流相同，只受到植被拖曳力和雷诺应力的作用。不同的是，漂浮植被水流外植被层的上部是自由水面，而淹没植被水流外植被层的下面是渠底。漂浮植被水流内植被层中的受力情况和淹没植被同样是相同的。只是漂浮植被的纵向流速和垂向流速梯度随着水深的增加不断减小，而淹没植被则刚好相反。由以上描述可以知道，将漂浮植被的整个植被区（内植被层和外植被层）的流速剖面垂直倒转之后，就可以看成淹没植被的植被区。但是漂浮植被水流的无植被层与淹没植被水流的无植被层有着明显的区别，漂浮植被水流无植被层由于存在着渠底摩擦力作用，纵向流速剖面有着明显的弯曲和拐点，可以分为上下两层，其计算方式也和淹没植被水流有着很大的不同。

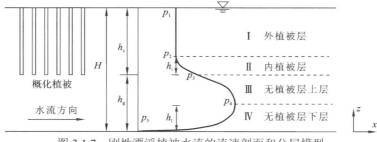

图 3.1.7　刚性漂浮植被水流的流速剖面和分层模型

h_1 为无植被层下层高度

根据 3.1.1 小节中淹没植被水流的分层模型,可以很容易地给出漂浮植被水流的分层模型。但是在求解控制方程的过程中,除了外植被层和淹没植被水流模型相同之外,内植被层和无植被层所采用的方法和得到的计算公式都与淹没植被水流不同。

1）控制方程

漂浮植被水流与淹没植被水流的受力情况相同,主要受到水流重力、植被拖曳力和雷诺应力的作用。其控制方程和淹没植被水流相同,为式（3.1.1）。

2）外植被层

漂浮植被水流的外植被层与淹没植被水流的外植被层的纵向流速分布规律基本相同,只是漂浮植被没有渠底摩擦力的作用,只受到植被拖曳力和水流重力的作用。其控制方程和流速计算公式与淹没植被水流相同:

$$gS = \frac{F}{\rho} = \frac{1}{2}C_d a U_o^2 \tag{3.1.29}$$

$$U_o = \sqrt{\frac{2gS}{C_d a}} \tag{3.1.30}$$

3）内植被层

和淹没植被水流类似,由于受到植被阻力的作用,在植被区和无植被层的交界面、植被区内部,水流紊动作用明显增强,形成剪切涡旋。漂浮植被水流内植被层的定义和淹没植被相同。在计算淹没植被水流的纵向流速时,采用的是幂级数解的方法。而在计算漂浮植被水流内植被层的纵向流速时,将采用与淹没植被水流不同的近似解法,得到的计算结果更为简便。

由于同时受到水流重力、植被拖曳力和雷诺应力的作用,其控制方程如式（3.1.1）所示。将式（3.1.1）从内植被层中的任意点向 p_2 进行积分,并且假设:

$$\int_z^{z_2} [U(z)]^2 dz = \beta'(\max\{U(z), U(z_2)\})^2 (z_2 - z) \tag{3.1.31}$$

式中: β' 为修正系数,其大小取决于 $z_2 - z$ 的大小和流速的变化幅度, z_2 为内植被层顶部的纵坐标。

积分式（3.1.31）可得

$$-\langle \overline{u'w'} \rangle + gS(h_g + h_i - z) = \frac{1}{2}C_d a(\beta' U^2)(h_g + h_i - z) \tag{3.1.32}$$

式（3.1.32）中的雷诺应力同样采用混合长度理论进行计算:

$$-\langle \overline{u'w'} \rangle = l_i^2 \frac{dU_i}{dz} \left| \frac{dU_i}{dz} \right| \tag{3.1.33}$$

其中,混合长度 l_i 采用式（3.1.34）进行计算:

$$l_i = k_i \delta \tag{3.1.34}$$

式中: $\delta = h_g + h_i - z$,为任意点到内植被层和外植被层交界面的高度。将式（3.1.33）代入式（3.1.32）便可得到内植被层中垂向流速梯度的表达式：

$$\frac{\mathrm{d}U_\mathrm{i}}{\mathrm{d}z} = -\frac{\sqrt{\frac{1}{2}C_\mathrm{d}a\beta'U^2 - gS}}{k_\mathrm{i}\sqrt{\delta}} \qquad (3.1.35)$$

将式（3.1.35）由内植被层中任意点向 p_2 积分，得

$$\ln\left|\sqrt{\frac{C_\mathrm{d}a\beta'}{2gS}}U + \sqrt{\frac{C_\mathrm{d}a\beta'}{2gS}}\sqrt{U_\mathrm{i}^2 - \frac{2gS}{C_\mathrm{d}a\beta'}}\right| = \frac{1}{k_\mathrm{i}}\sqrt{2C_\mathrm{d}a\beta'\delta} + \ln\left|\sqrt{\frac{C_\mathrm{d}a\beta'}{2gS}}U_{p_2} + \sqrt{\frac{C_\mathrm{d}a\beta'}{2gS}}\sqrt{U_{p_2}^2 - \frac{2gS}{C_\mathrm{d}a\beta'}}\right|$$

$$(3.1.36)$$

式中：U_{p_2} 为点 p_2 处的纵向流速，可由式（3.1.30）计算得到。由于内植被层高度较小，因此取 $\beta' = 1.0$，则有

$$\sqrt{\frac{2gS}{C_\mathrm{d}a\beta'}} = U_{p_2} \qquad (3.1.37)$$

$$\ln\left|\sqrt{\frac{C_\mathrm{d}a\beta'}{2gS}}U_{p_2} + \sqrt{\frac{C_\mathrm{d}a\beta'}{2gS}}\sqrt{U_{p_2}^2 - \frac{2gS}{C_\mathrm{d}a\beta'}}\right| = 0 \qquad (3.1.38)$$

由式（3.1.37）和式（3.1.38）可以将式（3.1.36）简化为

$$U_\mathrm{i} = \frac{\sqrt{\frac{2gS}{C_\mathrm{d}a}}\left(\mathrm{e}^{\frac{2}{k_\mathrm{i}}\sqrt{2C_\mathrm{d}a\delta}} + 1\right)}{2\mathrm{e}^{\frac{1}{k_\mathrm{i}}\sqrt{2C_\mathrm{d}a\delta}}} = U_{p_2}\cosh\left(\frac{1}{k_\mathrm{i}}\sqrt{2C_\mathrm{d}a\delta}\right) \qquad (3.1.39)$$

式（3.1.39）即内植被层中纵向流速的计算公式。

4）无植被层

同内植被层相比，无植被层中没有植被阻力的作用。其控制方程与淹没植被水流的控制方程相同，为式（3.1.20）。

式（3.1.20）中的雷诺应力同样采用混合长度理论计算：

$$-\langle\overline{u'w'}\rangle = l_\mathrm{n}^2\frac{\mathrm{d}U_\mathrm{n}}{\mathrm{d}z}\left|\frac{\mathrm{d}U_\mathrm{n}}{\mathrm{d}z}\right| \qquad (3.1.40)$$

对式（3.1.40）从无植被层中任意点向拐点 p_4 进行积分，可得

$$-\left(\langle\overline{u'w'}\rangle\big|_z - \langle\overline{u'w'}\rangle\big|_{z=h_1}\right) + gS(z - h_1) = 0 \qquad (3.1.41)$$

很显然，在拐点 p_4，即 $z = h_1$ 处，流速梯度 $\dfrac{\mathrm{d}U_\mathrm{n}}{\mathrm{d}z} = 0$，由式（3.1.40）可以得出 $\langle\overline{u'w'}\rangle\big|_{z=h_1} = 0$，因此式（3.1.41）可以简化为

$$gS(z - h_1) = \langle\overline{u'w'}\rangle\big|_z \qquad (3.1.42)$$

需要注意的是，对于非对称粗糙度的渠道，拐点处的流速梯度不一定为零（Parthasarathy and Muste，1994）。无植被层上层位于整个植被区的下方，而整个植被区可以看成覆盖在水流上的盖子，阻碍着水流的流动。因此，植被区的存在会对无植被层上层的水流产生很大的影响。又由于外植被层中的紊动很小，可以忽略不计，所以在计算无植被层上

层水流的混合长度时，仅考虑内植被层的影响，即从内植被层和外植被层的交界面算起，同内植被层一样：

$$l_{un} = k_{un}\delta \tag{3.1.43}$$

其中，下标"un"表示无植被层上层。联立求解式（3.1.40）、式（3.1.42）和式（3.1.43）便可得到无植被层上层水流的流速梯度表达式：

$$\frac{dU_{un}}{dz} = -\frac{\sqrt{gS(z-h_1)}}{k_{un}\delta} \tag{3.1.44}$$

求解该流速梯度表达式便可得到无植被层上层的流速计算表达式：

$$U_{un} = U_{max} - \frac{\sqrt{gS(h_g+h_i-h_1)}}{k_{un}} \ln\frac{h_g+h_i-z}{(\sqrt{h_g+h_i-h_1}-\sqrt{z-h_1})^2} + \frac{2\sqrt{gS(z-h_1)}}{k_{un}} \tag{3.1.45}$$

式中：U_{max} 为拐点 p_4 处的流速值，即

$$U_{max} = U_{p_3} + \frac{\sqrt{gS(h_g+h_i-h_1)}}{k_{un}} \ln\frac{h_g+h_i-z}{(\sqrt{h_g+h_i-h_1}-\sqrt{z-h_1})^2} + \frac{2\sqrt{gS(z-h_1)}}{k_{un}} \tag{3.1.46}$$

其中：U_{p_3} 为 p_3 点的流速，可以通过式（3.1.39）计算得到。

对于无植被层下层而言，由于其紧邻渠底，所以假设其主要受到的是渠底摩擦力的影响。计算其混合长度时，式（3.1.9）中的距离 y 从渠底起算：

$$l_{dn} = k_{dn}z \tag{3.1.47}$$

其中，下标"dn"表示无植被层下层。联立求解式（3.1.40）、式（3.1.42）和式（3.1.47），便可得到无植被层下层水流的垂向流速梯度表达式：

$$\frac{dU_{dn}}{dz} = \frac{\sqrt{gS(h_1-z)}}{k_{dn}z} \tag{3.1.48}$$

对式（3.1.48）进行积分求解，便可得到无植被层下层的流速计算公式：

$$U_{dn} = \frac{\sqrt{gS}}{k_{dn}}\left[\sqrt{h_1}\ln\frac{z}{(\sqrt{h_1}+\sqrt{h_1-z})^2} + 2\sqrt{h_1-z}\right] + U_{max} \tag{3.1.49}$$

3.1.3　参数确定

1）内植被层高度

漂浮植被水流内植被层的形成与淹没植被相似，都是由植被区和非植被区交界面处剧烈的水流紊动造成的。因此，其内植被层高度也可以用淹没植被的式（3.1.6）来计算。由式（3.1.6）计算得到的内植被层高度与实验值之间的平均误差为 9.5%。

2）植被拖曳力系数

通过 Schlighting（1979）的计算公式，采用 Plew（2011）漂浮植被实验数据所得到的拖曳力系数在 1.00～1.04，基本上是一个定值，说明在 Plew（2011）的实验中，特征雷诺数对植被拖曳力的影响很小，Schlighting（1979）的计算公式并不适合。通过对

Plew（2011）26 种工况的实验数据的回归分析，本章提出如下计算拖曳力系数的表达式：

$$C_{\mathrm{d}} = 1.33\sqrt{ah_{\mathrm{c}}}\frac{H}{h_{\mathrm{c}}} \tag{3.1.50}$$

式中：$\sqrt{ah_{\mathrm{c}}}$ 和 $\dfrac{H}{h_{\mathrm{c}}}$ 均为无量纲数，可以分别看成植被密度和相对淹没深度对植被阻力的影响。

3）卡门系数

模型验证时所采用的卡门系数由 Plew（2011）的实验数据确定，并且满足：$0.2 \leqslant k_{\mathrm{i}} \leqslant 0.4$；$0.12 \leqslant k_{\mathrm{un}} \leqslant 0.32$；$0.33 \leqslant k_{\mathrm{dn}} \leqslant 0.58$。在无植被层下层，卡门系数比较接近卡门常数 0.4。而无植被层上层和内植被层中的卡门系数均小于卡门常数 0.4，说明植被阻力的存在使水流条件变得复杂，紊动加剧，也使植被水流中的混合长度和无植被存在的自由水流相比更小。并且漂浮植被水流中，内植被层中的卡门系数大于无植被层上层中的卡门系数，类似于淹没植被。

4）无植被层下层高度

无植被层下层高度 h_1，即拐点 p_4 的高度。在拐点 p_4 处，可以看成植被阻力和渠底摩擦力对水流的作用达到平衡。当植被密度增大或是渠底粗糙度减小时，h_1 减小，点 p_4 向渠底靠近；当植被密度减小或是渠底粗糙度增大时，h_1 增大，点 p_4 向植被区靠近。当植被密度减小到无穷小，即不存在植被时，h_1 为整个水深，而点 p_4 在水面上。本节将采用迭代试算的方法来确定无植被层下层高度 h_1。

首先将通过式（3.1.4）和式（3.1.39）计算得到的纵向流速沿垂向进行积分，得到植被区的水深平均流速 $\bar{U}_{\mathrm{c}}$：

$$\bar{U}_{\mathrm{c}} = \frac{1}{h_{\mathrm{c}}}\int_{h_{\mathrm{g}}}^{H} U\mathrm{d}z \tag{3.1.51}$$

然后将控制方程式（3.1.1）从植被区的底部向水面进行积分：

$$\langle\overline{u'w'}\rangle_{\mathrm{c}} + gSh_{\mathrm{c}} = \frac{1}{2}C_{\mathrm{d}}a\bar{U}_{\mathrm{c}}^2 h_{\mathrm{c}} \tag{3.1.52}$$

式中：$-\langle\overline{u'w'}\rangle_{\mathrm{c}}$ 为植被区底部（点 p_3）的雷诺应力，可以由混合长度理论表示为

$$-\langle\overline{u'w'}\rangle_{\mathrm{c}} = l_{\mathrm{c}}^2\frac{\mathrm{d}U}{\mathrm{d}z}\left|\frac{\mathrm{d}U}{\mathrm{d}z}\right| \tag{3.1.53}$$

其中：l_{c} 为植被区的混合长度。

植被区底部（点 p_3）的流速梯度 $\mathrm{d}U/\mathrm{d}z$ 由式（3.1.54）进行近似计算：

$$\mathrm{d}U / \mathrm{d}z = (U_{p_4} - U_{p_2}) / (h_{\mathrm{i}} + h_{\mathrm{g}} - h_1) \tag{3.1.54}$$

其中，$U_{p_4} - U_{p_2}$ 可以表示为 $U_{p_4} - U_{p_2} = \gamma_0(\bar{U}_{\mathrm{g}} - \bar{U}_{\mathrm{c}})$，$\bar{U}_{\mathrm{g}}$ 为无植被层的水深平均速度，γ_0 为修正系数。植被区底部（点 p_3）的混合长度由式（3.1.10）进行计算：$l_{\mathrm{i}} = k_{\mathrm{i}}z = k_{\mathrm{i}}h_{\mathrm{i}}$。

结合式（3.1.51）、式（3.1.52）、式（3.1.54），式（3.1.53）可以转化为

$$\langle\overline{u'w'}\rangle_{\mathrm{c}} = \lambda^2(\bar{U}_{\mathrm{g}} - \bar{U}_{\mathrm{c}})^2 \tag{3.1.55}$$

式中：$\lambda = \gamma_0 k_i h_i / (h_i + h_g - h_l)$。通过 Plew（2011）的实验数据可以知道，95%的 λ 满足 0.2 ± 0.01。因此，在计算过程中，取 $\lambda = 0.2$。对于植被阻力小于渠底摩擦力的稀疏植被，植被区中的流速也相应地大于非植被区的流速，此时雷诺应力就不能由混合长度理论进行计算（Plew，2011）。通过式（3.1.52）和式（3.1.55）得

$$\bar{U}_g = \sqrt{\frac{1}{2} C_d a \bar{U}_c^2 h_c - gSh_c} \Big/ \lambda + \bar{U}_c \qquad (3.1.56)$$

再假定一个 h_l，对式（3.1.45）和式（3.1.49）进行积分，得到另一个无植被层的水深平均速度：

$$\bar{U}_g' = \frac{1}{h_g} \int_0^{h_g} U \mathrm{d}z \qquad (3.1.57)$$

最后将式（3.1.57）中的 $\bar{U}_g'$ 与式（3.1.56）中的 $\bar{U}_g$ 进行对比，便可求得准确的 h_l：

$$|\bar{U}_g - \bar{U}_g'| \leqslant \varepsilon \qquad (3.1.58)$$

式中：ε 为给定的允许误差。

5）能量输移

为了能充分利用计算得到的纵向流速结果和进一步研究植被水流的水力特性，下面将计算和分析植被水流垂向的能量输移问题。单位体积的水体在单位时间间隔内所获得的能量表示为（Huai et al.，2010）

$$W_b = \gamma SU \qquad (3.1.59)$$

式中：γ 为水的容重。植被水流中的能量损失主要是由两部分因素造成的：水流黏滞力和植被阻力，即

$$W_s = W_{sw} + W_{sv} \qquad (3.1.60)$$

Bakhmeteff 和 Allan（1945）将水流黏滞力引起的能量损失定义为

$$W_{sw} = \tau \mathrm{d}U / \mathrm{d}z \qquad (3.1.61)$$

植被阻力引起的能量损失则表示为

$$W_{sv} = \begin{cases} UF = \dfrac{1}{2} \rho C_d a U^3, & \text{外植被层或内植被层} \\ 0, & \text{无植被层} \end{cases} \qquad (3.1.62)$$

式中：τ 为水流的剪应力。

将式（3.1.61）和式（3.1.62）代入式（3.1.60）得

$$W_s = \begin{cases} U_o F = \dfrac{1}{2} C_d a U_o^3, & \text{外植被层} \\ \tau \dfrac{\mathrm{d}U_i}{\mathrm{d}z} + U_i F = \dfrac{\rho}{k_i \delta}[gS(z - h_l)]^{\frac{3}{2}} + \dfrac{1}{2} C_d a U_i^3, & \text{内植被层} \\ \tau \dfrac{\mathrm{d}U_{un}}{\mathrm{d}z} = \dfrac{\rho}{k_{un} \delta}[gS(z - h_l)]^{\frac{3}{2}}, & \text{无植被层上层} \\ \tau \dfrac{\mathrm{d}U_{dn}}{\mathrm{d}z} = \dfrac{\rho}{k_{dn} z}[gS(h_l - z)]^{\frac{3}{2}}, & \text{无植被层下层} \end{cases} \qquad (3.1.63)$$

获得的能量与损失的能量之差即输移的能量：

$$W_t = -\frac{\mathrm{d}(\tau U)}{\mathrm{d}z} = W_b - W_s \qquad (3.1.64)$$

式（3.1.64）在植被区和非植被区均适用。

3.2 实　　验

3.2.1 淹没植被水流实验

在本节中，将用其他学者的实验数据来验证该模型的正确性。

选取的实验数据总共有六组，其中两组为原型尺度，其余为实验尺度。另外，六组实验数据中，柔性植被和刚性植被各占三组。六组实验数据中，模拟植被的种类分为：刚性圆柱植被、刚性带板植被、刚性原型尺度植被、柔性圆柱植被、柔性塑料植被和柔性原型植被。因此，不管是在实验方法还是在植被类别上，这六组数据都具有充分的代表性。

1）刚性圆柱植被

由 3.1 节可知，通过刚性植被的水流可以沿垂向分成三层，分别是无植被层、内植被层和外植被层。这里将采用日本学者 Tsujimoto 和 Kitamura（1990）的实验数据（工况 A31、R32、R31 和 A71）对模型进行验证。该实验采用钢筋圆柱体来模拟刚性植被。对于光滑的圆柱体，阻力系数可以表示为雷诺数的函数。而对于 Tsujimoto 和 Kitamura（1990）的所有实验工况，由相应的雷诺数算出的拖曳力系数都近似地等于 1.0（Fischer-Antze et al.，2001）。各实验工况的参数如表 3.2.1 所示。

表 3.2.1　各刚性植被实验计算参数

工况	C_d	a/m^{-1}	H/cm	h_c/cm	h_i/cm	h_v/cm	S/10^{-3}	U_o/（cm/s）	k_i	k_n
A31	1.0	3.75	9.36	4.6	3.1	7.9	2.60	11.66	0.30	0.266
R32	1.0	10	7.47	4.1	2.5	5.9	2.13	6.46	0.32	0.266
R31	1.0	10	6.31	4.1	2.0	4.2	1.64	5.67	0.27	0.266
A71	1.0	3.75	8.95	4.6	3.0	7.4	8.86	21.52	0.32	0.266
B10	1.76	15.5	15	5	3	13	0.65	2.17	0.50	0.32
C10	1.86	7.8	15	5	2	12	0.54	2.71	0.42	0.34
22	0.97	2	208	90	39	157	1.38	11.80	0.42	0.20
R6	1.80	2	199	158	20	61	1.91	10.20	0.50	0.12

2）刚性带板植被

这里将采用 Nezu 和 Sanjou（2008）的实验数据来进行计算。实验在京都大学桂校区的紊流水力学实验室中进行。实验水槽长 10 m，宽 40 cm，边壁由光学玻璃制成，以便于粒子图像测速仪（particle image velocimetry，PIV）和激光多普勒测速仪（laser Doppler velocimetry，LDV）对流速进行测量。植被单元由刚性带板模拟，高 50 mm，宽 8 mm，厚度为 1 mm。从水槽起点开始的 1 m 长度范围为过渡区域，剩下的 9 m 长度内放置植被单元，植被分布区域的宽度与水槽宽度相同。测量位置距离植被区域前缘 7 m。该位置处的水流已充分发展并且满足均匀流流态。选取的实验工况 B10、C10 的参数如表 3.2.1 所示。

3）刚性原型尺度植被

Klopstra 等（1997）的原型尺度植被的实验数据将用于验证模型的正确性。实验在长 100 m、宽 3 m、水深 3 m 的大型实验设施中进行，植被单元由钢筋进行模拟，钢筋直径为 8 mm。实验水槽底部放置有事先打好圆孔的 20.5 m 长的双层木板，木板上共嵌入 18 000 个模拟植被单元。水槽末端没有放置植被，用于测量没有植被条件下的流速剖面。实验中总共有 56 种工况，其植被高度、植被密度及渠底坡度各不相同。植被高度分为 0.45 m、0.90 m 和 1.5 m 三种，植被密度分为 256 株/m² 和 64 株/m² 两种。以上六种植被形式均在八种水流条件下进行实验。这八种水流条件中有 1×10^{-3} 和 2×10^{-3} 两种渠底坡度和四种水深。因此，淹没植被工况一共有 48 种工况。为了能测得植被的拖曳力系数，还分别进行了八组非淹没植被条件下的实验。从实验中测得的植被的拖曳力系数在 0.91 和 1.18 之间。实验采用分布在植被区域上游边界、中间和下游边界处的三个测针来测量水位，并且由频率为 25 Hz 的声学流速计测量流速分量，每次测量的持续时间为 100 s。所选取工况 22、R6 的实验参数如表 3.2.1 所示。

4）柔性圆柱植被

对于柔性植被，模型的应用和刚性植被相似，只是柔性植被的高度直接采用植被弯曲后的高度（图 3.2.1）。

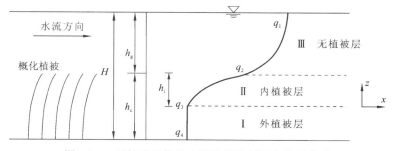

图 3.2.1　柔性淹没植被水流的流速剖面和分层模型

这里首先采用 Kubrak 等（2010）的实验数据来进行计算。在该实验中，流速在均匀流条件下测得。实验地点位于华沙农业大学环境科学学院水工结构系的水工实验室，玻璃实验水槽长 16 m，宽 0.58 m，高 0.6 m，渠底坡度分为 8.7‰和 17.4‰两种。实验采用可编程的电磁流体流速计对平均流速水平面上的分量（纵向和横向）进行测量。该实验仪器测得的流速的精确度为±0.01 cm/s。渠底放置有一个可移动的 3 m 长、0.58 m 宽的聚氯乙烯（polyvinyl chloride，PVC）平板。平板上嵌入截面为椭圆的圆柱植被单元。植被单元弯曲前高 16.5 cm，直径则分为 0.95 mm 和 0.7 mm 两种。放置植被单元的 PVC 平板分为四种：

等效粗糙度为 0.000 1 m，放置植被单元的矩形网格尺寸为 0.01 m×0.01 m；

等效粗糙度为 0.000 1 m，放置植被单元的矩形网格尺寸为 0.02 m×0.02 m；

等效粗糙度为 0.001 8 m，放置植被单元的矩形网格尺寸为 0.02 m×0.02 m；

等效粗糙度为 0.015 0 m，放置植被单元的矩形网格尺寸为 0.02 m×0.02 m。

对于网格单元为 0.01 m×0.01 m 的 PVC 平板，每平方米的 PVC 平板上放置有 10 000 个植被单元，整个 PVC 平板上的植被单元达 18 000 个。对于网格单元为 0.02 m×0.02 m 的 PVC 平板，每平方米 PVC 平板上的植被单元的数量减少至 25%，每平方米共 2 500 个，整个 PVC 平板上的植被单元为 4 500 个。植被单元上任意点的弯曲度由悬臂梁理论进行计算，平均弹性模量为 3 630 MPa。本节选取其中的工况 2.1.1、2.2.1、3.1.1 和 3.2.1 进行计算（表 3.2.2）。

表 3.2.2 各柔性植被实验计算参数

工况	C_d	a/m^{-1}	H/cm	h_c/cm	h_i/cm	h_v/cm	$S/10^{-3}$	$U_0/(\text{cm/s})$	k_i	k_n	k_s/m
2.1.1	1.2	2.4	23.9	15.3	7.0	15.5	8.7	24	0.35	0.266	0.000 1
2.2.1	1.1	2.4	21.3	13.2	6.8	14.9	17.4	36	0.32	0.266	0.000 1
3.1.1	1.2	2.4	23.9	15.1	7.0	15.7	8.7	24	0.34	0.266	0.001 8
3.2.1	1.1	2.4	19.6	13.2	6.2	12.7	17.4	36	0.28	0.266	0.015 0
7	1.42	4.5	44	16	8.8	36.8	0.2	2.48	0.39	0.29	
1	0.285	4.0	165	89	52	128	0.09	3.9	0.33	0.16	

注：k_s 为等效粗糙度。

5）柔性塑料植被

在 Kouwen 和 Li（1980）的实验中，植被由聚乙烯塑料来进行模拟，并且在几何尺寸和抗弯刚度上都与原型植被接近，实验中 C_d 和 a 的值通过单株模拟植被的形态计算得到。实验参数（工况 7）如表 3.2.2 所示。

6）柔性原型植被

Sukhodolova 和 Sukhodolov（2012）在德国柏林附近做了精细的原型实验。实验中将带有细丝状叶片的慈姑（平均每株慈姑有 12 条叶片，每条叶片长 1.6 m，宽 1.5 cm，干重 5.3 g）作为柔性淹没植被。将事先种植好的慈姑改种在实验河段中部的矩形区域内（4 m×8 m）。为防止植株从松软的河床土层冲走，在植株根部用细线绑有直径 1 cm、长 20 cm 的铝棒。植株的分布形式和密度由事先埋置好的铝棒来控制，铝棒交错排列在河床土层。植株改种一星期之后，检测到植株已经适应新土壤，并且长出了新的茎叶。选取 13 株，用悬臂测试方法测量其抗弯刚度，测得的植株根部、中部和顶部的抗弯刚度分别为 1.44×10^{-5} N·m²、9.5×10^{-6} N·m²、2.5×10^{-6} N·m²。实验中三种工况的植被密度分别为 25 株/m²、15 株/m² 和 5 株/m²，另外一种工况用于测量无植被条件下的水流。四种工况在测量细节和方法上相同。实验采用声学多普勒测速仪（acoustic Doppler velocimetry，ADV）测量流速。沿纵向分布有 10 个测量位置，用于测量流速的垂向分布，每个垂向上沿水深均匀分布有 7 个测点。每个测点流速的采样频率为 25 Hz，采样周期为 300 s。在测量流速的过程中，水位和水面线坡度每小时测量一次。水位波动保持在 3～5 mm，和水深相比可以忽略不计。一种工况测量完成之后，有序移除植株，使其密度减小，进行下一工况的实验。对移除的植株进行收集、干燥和称量以确定其生物量与种群密度。本节采用其工况 1 进行模型的验证计算，参数如表 3.2.2 所示。

3.2.2　漂浮植被水流实验

关于漂浮植被水流的水动力学特征，Plew（2011）做了非常详尽的实验来进行研究。Plew（2011）的实验分为两组。第一组实验（A1～A7）在 12 m 长、0.75 m 宽的室外水槽中进行。植被用直径为 9.54 mm 的铝制圆柱进行模拟。植被区域长 5.1 m，宽度覆盖整个横向，起始位置在距离水槽入口 4.5 m 的下游处。植被单元呈交错放置。流速由三个 ADV 进行测量，共有 12 个测试点，每个测试点的数据测量 12～15 次，测试频率为 25 Hz，测试时间为 120 s。测得的流速经过水平面上的加权平均便可得到空间平均的纵向流速剖面图。第二组实验（B1～B19）的实验水槽长 6 m，宽 0.6 m。水槽整个纵向和横向上都放置着植被。植被同样由直径为 9.54 mm 的铝制圆柱进行模拟，呈非交错布置，因为非交错布置具有更好的视野。实验采用粒子跟踪测速仪（particle tracking velocimetry，PTV）记录数据。本节选取了其中工况 B2、B5、B9 和 B13 的数据做进一步的研究。这四种工况具有相同的水深（$H=20$ cm），相同的单位体积投影面积（$a=1.272$ m⁻¹）和不同的渠道坡度及流量。从 Plew（2011）的 PTV 测量数据中可以看出，漂浮植被水流同样也可以在垂向上分为三层：外植被层、内植被层和无植被层（包括无植被层上层和无植被层下层）（图 3.1.7）。图 3.1.7 中，$p_1 \sim p_5$ 为分析模型各层的临界点，h_1 为无植被层下层高度，z 从渠底算起。

本节选取的 Plew（2011）实验中工况 B2、B5、B9 和 B13 的实验参数如表 3.2.3 所示。

表 3.2.3　漂浮植被各工况实验参数

工况	$a/\mathrm{m^{-1}}$	H/cm	h_c/cm	$gS/（10^{-3}\ \mathrm{m/s^2}）$	C_b
B2	1.272	20	17.5	0.147	$0.002\ 4\pm0.000\ 6$
B5	1.272	20	15	0.117	$0.002\ 7\pm0.000\ 1$
B9	1.272	20	12.5	0.146	$0.002\ 7\pm0.000\ 2$
B13	1.272	20	10	0.153	$0.004\pm0.000\ 3$

注：C_b 为底部摩擦系数的 95% 置信区间。

3.3　分析与讨论

3.3.1　淹没植被水流实验结果与讨论

1）刚性圆柱植被

纵向流速由式（3.1.4）、式（3.1.18）和式（3.1.27）计算得到，雷诺应力由式（3.1.8）计算得到，如图 3.3.1～图 3.3.3 所示。

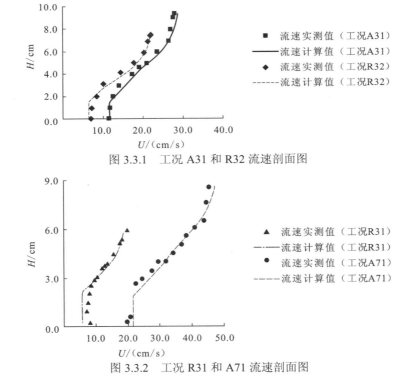

图 3.3.1　工况 A31 和 R32 流速剖面图

图 3.3.2　工况 R31 和 A71 流速剖面图

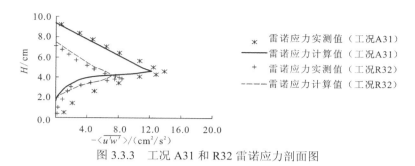

图 3.3.3 工况 A31 和 R32 雷诺应力剖面图

2）刚性带板植被

选取的实验工况 B10、C10 的计算结果如图 3.3.4 和图 3.3.5 所示。

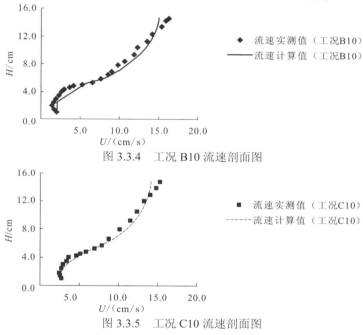

图 3.3.4 工况 B10 流速剖面图

图 3.3.5 工况 C10 流速剖面图

3）刚性原型尺度植被

选取工况的计算结果如图 3.3.6 所示。

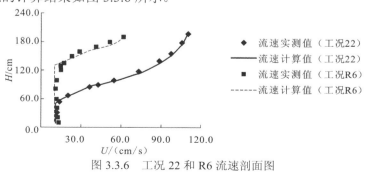

图 3.3.6 工况 22 和 R6 流速剖面图

4）柔性圆柱植被

Kubrak 等（2010）的实验中并未给出植被拖曳力系数 C_d 的值，因此首先要计算 C_d。对于 Kubrak 等（2010）实验中所选取的四种工况，采用以下公式计算 C_d（Schlighting，1979）：

$$C_d = \begin{cases} 3.07\,Re_p^{-0.168}, & Re_p < 800 \\ 1.0, & 800 \leqslant Re_p < 8\,000 \\ 1.2, & 8\,000 \leqslant Re_p < 10^5 \end{cases} \quad (3.3.1)$$

式中：Re_p 为特征雷诺数，由公式 $Re_p = U_c D / v$ 计算，其中 U_c 为植被区的平均纵向流速，D 为圆柱直径，v 为水的运动黏滞系数。其他计算参数如表 3.2.2 所示。计算结果如图 3.3.7 和图 3.3.8 所示。

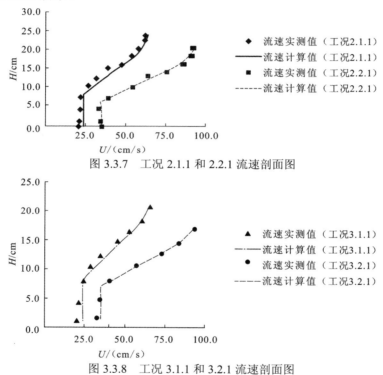

图 3.3.7　工况 2.1.1 和 2.2.1 流速剖面图

图 3.3.8　工况 3.1.1 和 3.2.1 流速剖面图

5）柔性塑料植被

实验中 C_d 和 a 的值通过单株模拟植被的形态计算得到。实验计算结果如图 3.3.9 所示。

6）柔性原型植被

实验中 C_d 和 a 在植被区的平均值由其在垂向的分布计算得到。结果如图 3.3.10 所示。

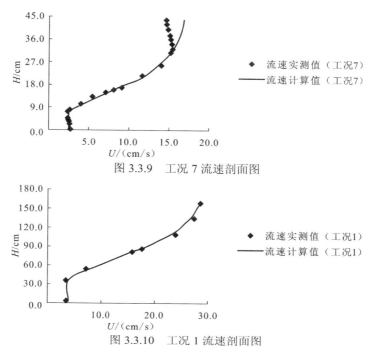

图 3.3.9　工况 7 流速剖面图

图 3.3.10　工况 1 流速剖面图

从本节中纵向流速和雷诺应力的剖面图中可以看出，由模型计算得到的值与实验测得的数值吻合良好。在柔性圆柱植被中，计算植被拖曳力系数时，采用了 Schlighting（1979）的计算公式。虽然计算植被拖曳力系数的公式有很多（Velasco et al.，2008；Carollo and Ferro，2005），但是不适合本节中柔性圆柱植被的数据资料。从式（3.1.4）可以看出，植被拖曳力系数的取值对外植被层的流速计算影响很大。因此，在外植被层中，植被拖曳力系数的取值关系着流速计算值是否正确。但是，计算得到一个精确的植被拖曳力系数往往比较困难，所以在本节中，外植被层计算得到的纵向流速和实验值大多会有一定的偏差。

卡门系数在六组实验数据中的取值都不相同。在无植被层中，所有的卡门系数都接近 0.23，大致在 0.23±0.11 范围内；在内植被层中，卡门系数则接近 0.4，大致在 0.4±0.1 范围内。当利用式（3.1.10）计算混合长度时，z 在无植被层中的取值要明显大于在内植被层中的取值。因此，为了使无植被层和内植被层中的混合长度的大小能相互对应，无植被层中的卡门系数要小于内植被层的卡门系数，这也与实际采用的卡门系数相符。传统意义上的卡门常数是在紊流无滑移边界层的条件下测得的，而含有淹没植被的水流与其相比，有着很大的不同。植被阻力的存在加剧了水流的紊动，减缓了水流的流速，使水流条件变得复杂。并且 z 的取值是从内植被层和外植被层的交界面处算起，而并非从渠底算起，所以本章中的卡门系数和传统的卡门常数有着较大的不同。卡门系数与植被密度、渠底坡度、植被高度和水深的比例及渠底粗糙度都有关系，其值的确定和计算还有待进一步的研究。

3.3.2 漂浮植被水流实验结果与讨论

由 3.1.2 小节推导的计算公式及 3.1.3 小节确定的计算参数，便可以计算出整个水深范围的纵向流速（图 3.3.11～图 3.3.14）、雷诺应力（图 3.3.15～图 3.3.17）和能量（图 3.3.18）。从图 3.3.11～图 3.3.17 中可以看出，计算得到的流速和应力值与实验数据吻合良好。从图 3.3.11～图 3.3.14 中可以看出，在无植被层下层中，渠底摩擦力在渠底附近对水流的阻碍作用非常明显，当超出摩擦力影响的水深范围之后，流速继续增大，同时植被阻力的作用也开始逐渐体现，流速梯度逐渐减小。在无植被层上层中，植被阻力的作用开始占据主导位置，纵向流速迅速减小，且减小幅度不断增大。在植被区，水流紊动作用逐渐消失，植被阻力和水流重力趋于平衡，纵向流速也趋于稳定。

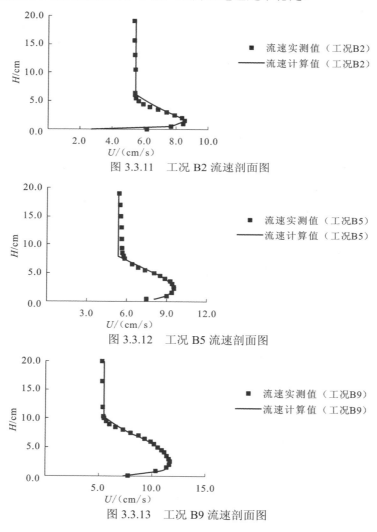

图 3.3.11　工况 B2 流速剖面图

图 3.3.12　工况 B5 流速剖面图

图 3.3.13　工况 B9 流速剖面图

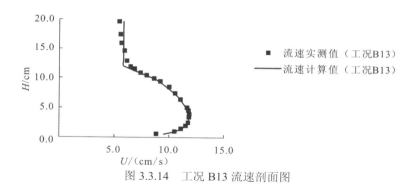

图 3.3.14　工况 B13 流速剖面图

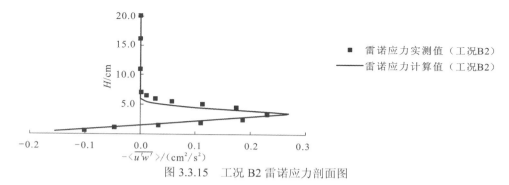

图 3.3.15　工况 B2 雷诺应力剖面图

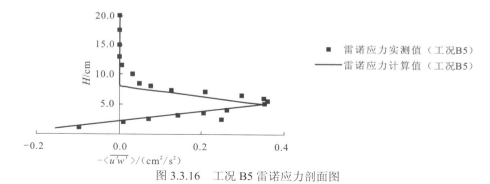

图 3.3.16　工况 B5 雷诺应力剖面图

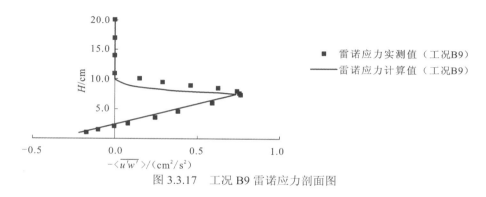

图 3.3.17　工况 B9 雷诺应力剖面图

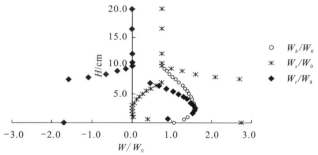

图 3.3.18　由纵向流速计算值得到的工况 B9 的能量剖面图

图 3.3.15～图 3.3.17 为工况 B2、B5 和 B9 的雷诺应力剖面图。雷诺应力的最大值出现在植被区和无植被层的交界面处。在无植被层，由于满足 $\mathrm{d}\langle\overline{u'w'}\rangle/\mathrm{d}z=gS$，因此雷诺应力剖面呈直线分布，且斜率为正。

图 3.3.18 为由式（3.1.63）计算得到的工况 B9 的能量剖面图。图 3.3.18 中，$W_0=\gamma S\overline{U}$（$\overline{U}$ 为纵向流速的计算值），表示由水深平均速度计算的获得能量值。从图 3.3.18 中可以看出，获得的能量 W_b 及损失的能量 W_s 在整个水深方向上均为正值，这是由其计算公式决定的。损失的能量 W_s、输移的能量 W_t 在植被区和非植被区的交界面处为不连续的分布，说明能量输移过程在交界面处受到的植被作用的影响最大。输移能量 W_t 在无植被层中为正值，说明在无植被层，水流获得的能量要大于水流损失的能量，剩余的能量将用于补充内植被层中能量的不足，因此能量会从无植被区域向有植被区域传递。

3.4　本章小结

本章首先通过对实验数据的分析研究，依据植被水流不同水深之间的水流特性，建立了植被水流的数学模型，对植被水流进行分层，并给出了每层的控制方程，通过数值计算的方法，求得各层控制方程的解析解，进而利用通过数值求解得到的解析解公式计算水流纵向流速的垂向分布。

本章考虑了淹没植被水流和漂浮植被水流两种情况。对于淹没植被水流，本章建立了垂向上的三层模型。在外植被层中，直接通过水流重力与植被拖曳力的平衡关系，推导出纵向流速的解析解；在内植被层中，采用了幂级数解的方法求解微分控制方程，得到的结果形式简单，有利于实际应用；在无植被层中，根据模型各层的连续性条件及水面处的边界条件，求解控制方程。然后用数学模型的解析解对六组实验数据进行计算和对比。对于漂浮植被水流，同样地建立了垂向上的三层模型。外植被层中的流速计算公式与淹没植被水流相同。在内植被层中，通过对控制方程积分计算的近似处理，得到该层流速的解析解。在无植被层中，由于纵向流速的垂向分布存在拐点，因此将其按拐点分为上下两层，分别进行计算。最后将模型应用于 Plew（2011）的实验数据进行验证。此外，本章根据实验数据进行了回归分析，提出了植被水流内植被层高度和漂浮植被拖曳力系数的经验公式，在模型应用过程中具有较好的适用性。

对模型得到的计算值与相应的实验数据进行对比，发现它们吻合良好，证明了数学模型的正确性和适用性。与此同时，本章提出的数学模型仍存有不足。模型应用时所采用的卡门系数由实验数据确定，而不是通过经验公式等方法直接确定；此外，当模型应用于柔性植被时，并未考虑植被受水流影响后的弯曲计算，而是直接将弯曲后的植被高度作为植被的高度。因此，模型仍有待于进一步的研究和完善，使其更能满足实际问题的应用需要。

植被化复式河道流速分布特性

有植被的河道的水流问题是一种特殊而复杂的水流问题，正确理解流经植被的水流的水动力特性对河道管理和进行有植被渠道的设计有十分重要的作用。本章拟对河漫滩非淹没的刚性植被对纵向水深平均流速的横向分布的影响进行研究，和以往的实验研究及数值模拟不同的是，本章将基于恒定均匀流假定，以及水深平均涡黏性方法和动量方程，给出复式断面纵向水深平均流速的横向分布解析解。本章对河漫滩有植被水流在未计及二次流的情况下给出的解析解对工程设计应用依然有足够的精度。至于滩槽间的强动量交换及二次流等的影响，将是后续研究的主要方向。

4.1 流速分布模型构建

4.1.1 力学分析

对于横断面如图 4.1.1 所示的河道内的恒定均匀流，控制微元体主流方向所受的表面合力应该和它受到的体积力相平衡，如图 4.1.2 所示，即有

$$\rho g \sin\theta \mathrm{d}x\mathrm{d}y\mathrm{d}z + \frac{\partial \tau_{zx}}{\partial z}\mathrm{d}z\mathrm{d}x\mathrm{d}y + \frac{\partial \tau_{yx}}{\partial y}\mathrm{d}y\mathrm{d}x\mathrm{d}z - \rho\frac{U^2}{2}C_D\lambda\mathrm{d}x\mathrm{d}y\mathrm{d}z = 0 \qquad (4.1.1)$$

这里，x、y、z 分别为主流方向、横向及垂向，ρ 为水的密度，θ 为河床倾斜角（$S_0 = \sin\theta$），τ_{ij} 为垂直于 i 方向的平面上的切应力，方向与 j 方向相同，C_D 为拖曳力系数，λ 为植被系数，$\lambda = \dfrac{D}{sl}$，D 为单棵植株的直径，l、s 是控制微元体的纵横宽度。

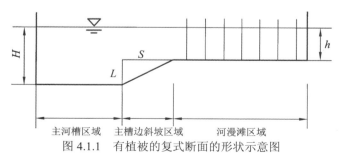

图 4.1.1 有植被的复式断面的形状示意图

S 为主槽边斜坡区域的长度；L 为主槽边斜坡区域的高度；h 为河漫滩区域的水深；H 为主河槽区域的水深

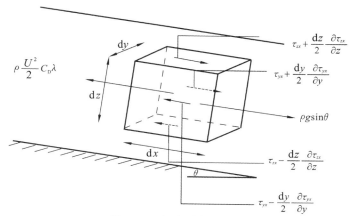

图 4.1.2　纵向受力分析图

U 为水深平均流速；g 为重力加速度

式（4.1.1）中：$\rho \dfrac{U^2}{2} C_D \lambda \mathrm{d}x\mathrm{d}y\mathrm{d}z$ 为植株对水流的阻力，为获得解析解，本节将该项归结为拖曳力。

对式（4.1.1）沿水深 H 积分，得到水深平均方程。因此，由于 $S_0 = \sin\theta$，有

$$\rho g S_0 H \mathrm{d}x\mathrm{d}y - \tau_{zb}\mathrm{d}x\mathrm{d}y + \left[\int_{z_{0(y)}}^{z_s} \frac{\partial \tau_{yx}}{\partial y}\,\mathrm{d}z\right]\mathrm{d}y\mathrm{d}x - \rho\frac{U^2}{2}C_D\lambda H\mathrm{d}x\mathrm{d}y = 0 \tag{4.1.2}$$

即

$$\rho g S_0 H - \tau_{zb} + \int_{z_{0(y)}}^{z_s} \frac{\partial \tau_{yx}}{\partial y}\,\mathrm{d}z - \rho\frac{U^2}{2}C_D\lambda H = 0 \tag{4.1.3}$$

其中，$z_{0(y)}$ 为随位置 y 变化的河道底部的高度。

对式（4.1.3）第三项应用莱布尼茨公式，有

$$\int_{z_{0(y)}}^{z_s} \frac{\partial \tau_{yx}}{\partial y}\mathrm{d}z = \frac{\mathrm{d}}{\mathrm{d}y}\int_{z_0}^{z_s}\tau_{yx}\mathrm{d}z + \tau_{yx}(z_0)\frac{\partial z_0}{\partial y} - \tau_{yx}(z_s)\frac{\partial z_s}{\partial y} \tag{4.1.4}$$

这里，$z_s = $ 常数，$z_0 = -\dfrac{y}{s}$。同时，引入水深平均横向切应力 $\overline{\tau_{yx}} = \overline{\tau_{xy}} = \dfrac{1}{H}\int_{z_0}^{z_s}\tau_{yx}\mathrm{d}z$。在边坡上，式（4.1.3）可化为

$$\rho g S_0 H - \tau_{zb} - \frac{\tau_{yb}}{s} + \frac{\partial H\overline{\tau_{xy}}}{\partial y} - \rho\frac{U^2}{2}C_D\lambda H = 0 \tag{4.1.5}$$

此处，τ_{zb} 和 τ_{yb} 为河床处的切应力，通过对图 4.1.3 中所示的切应力平衡进行分析发现，它们与河床边界切应力 τ_b 的关系可以表示为 $\tau_{yb}\mathrm{d}z\mathrm{d}x + \tau_{zb}\mathrm{d}y\mathrm{d}x = \tau_b(\mathrm{d}z^2 + \mathrm{d}y^2)^{1/2}\mathrm{d}x$ 且 $\mathrm{d}z/\mathrm{d}y = 1/s$，则有

$$\frac{\tau_{yb}}{s} + \tau_{zb} = \frac{\sqrt{1+s^2}}{s}\tau_b \tag{4.1.6}$$

因此，在河床上应用边界切应力 τ_b，式（4.1.5）可化为

$$\rho g S_0 H - \sqrt{1 + \frac{1}{s^2}} \tau_b + \frac{\partial H \overline{\tau_{xy}}}{\partial y} - \rho \frac{U^2}{2} C_D \lambda H = 0 \tag{4.1.7}$$

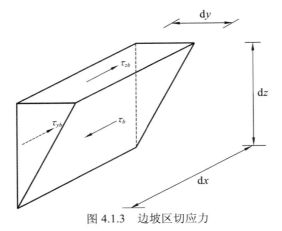

图 4.1.3 边坡区切应力

对于水深 H 恒定的区域 $(s \to \infty)$，在图 4.1.1 复式断面的主河槽区域及河漫滩区域，式（4.1.7）变成了 $[\tau_{zb} \to \tau_b$（当 $s \to \infty$）]：

$$\rho g S_0 H - \tau_b + \frac{\partial H \overline{\tau_{xy}}}{\partial y} - \rho \frac{U^2}{2} C_D \lambda H = 0 \tag{4.1.8}$$

注意到 $\tau_{yb} + s \tau_{zb} = \sqrt{1 + s^2} \tau_b$，则有 $\tau_{yb} \to \tau_b$（当 $s \to 0$）。

在阻力平方律的假设下，基于达西-魏斯巴赫摩擦系数 f、Boussinesq 涡黏系数 ξ_{yx} 和无量纲涡黏模型，即 $f = \frac{8\tau_b}{\rho U^2}$，$\overline{\tau_{yx}} = \rho \xi_{yx} \frac{\partial U}{\partial y}$，$\xi_{yx} = \zeta H U_* = \zeta H \left(\frac{f}{8}\right)^{1/2} U$（$\zeta$ 为无量纲涡黏模型中的常数，用来调节涡黏效应的影响程度；U_* 为摩阻流速），可分别获得适用于线性斜坡区域的式（4.1.7）及适用于水深相同区域的式（4.1.8）的解析解。从而，应用边界切应力 τ_b，式（4.1.7）可以表示为

$$\rho g S_0 H - \sqrt{1 + \frac{1}{s^2}} \tau_b + \frac{\partial}{\partial y}\left[\rho \zeta H^2 \left(\frac{f}{8}\right)^{1/2} U \frac{\partial U}{\partial y}\right] - \rho \frac{U^2}{2} C_D \lambda H = 0 \tag{4.1.9}$$

因为 $f = \frac{8\tau_b}{\rho U^2}$，所以 $\tau_b = \rho \frac{f}{8} U^2$，代入式（4.1.9），得到水深平均流速方程，可表示为

$$\rho g S_0 H - \rho \frac{f}{8} U^2 \sqrt{1 + \frac{1}{s^2}} + \frac{\partial}{\partial y}\left[\rho \zeta H^2 \left(\frac{f}{8}\right)^{1/2} U \frac{\partial U}{\partial y}\right] - \rho \frac{U^2}{2} C_D \lambda H = 0 \tag{4.1.10}$$

4.1.2 流速分布解析解

式（4.1.9）、式（4.1.10）在给定的合适的边界条件下，都有解析解。但对于梯形复

式断面河道，相比于边界切应力，速度的边界条件更容易给定。因此，解式（4.1.9）更为简单，在这种情况下，对于水深恒定区域，式（4.1.9）解析解的形式为

$$U = \left(C_1 \mathrm{e}^{ry} + C_2 \mathrm{e}^{-ry} + \frac{gS_0 H}{\frac{1}{8}f + \frac{1}{2}C_\mathrm{D}\lambda H} \right)^{1/2} \tag{4.1.11}$$

对于线性斜坡区域，$0 < s < \infty$，有

$$U = (C_3 Y^{\alpha_1} + C_4 Y^{-\alpha_1 - 1} + \omega Y)^{1/2} \tag{4.1.12}$$

其中，

$$r = \sqrt{\frac{\dfrac{f}{8} + \dfrac{1}{2}C_\mathrm{D}\lambda H}{\dfrac{1}{2}\zeta H^2 \left(\dfrac{f}{8}\right)^{1/2}}} \tag{4.1.13}$$

$$\alpha_1 = -\frac{1}{2} + \frac{1}{2}\left(1 + \frac{s\sqrt{1+s^2}}{\zeta}\sqrt{8f} \right) \tag{4.1.14}$$

$$\omega = \frac{gS_0}{\dfrac{\sqrt{1+s^2}}{s}\dfrac{f}{8} - \dfrac{\zeta}{s^2}\sqrt{\dfrac{f}{8}}} \tag{4.1.15}$$

式中：$C_1 \sim C_4$ 为常数；Y 为线性斜坡区域的水深函数。

为了和已有的实验数据进行比较，本节对如图 4.1.1 所示的特殊的梯形复式河道进行了研究。整个复式河道被分为三个子区域，即主河槽区域、主槽边斜坡区域及河漫滩区域（相应地称为 1 区、2 区、3 区）。因为式（4.1.11）、式（4.1.12）中均有两个未知常数，所以为了获得解析解，就需要六个边界条件。这六个边界条件如下。

（1）在主槽垂直边壁附近采用壁函数律，给出近壁处的速度，可得到一个边界条件。

（2）所有区域间的连接处必须满足速度连续性，于是可得到四个边界条件（如 $U_i = U_{i+1}$，$\partial U_i / \partial y = \partial U_{i+1} / \partial y$）。

（3）河漫滩边缘的流速为零（$U = 0$）。

因此，通过求解六个线性方程就可以得到解析解中所需的未知常数。

4.2　实　　验

Pasch 和 Rouve（1985）通过实验对河漫滩上非淹没植株对水深平均流速横向分布的影响进行了研究。实验是在长 25.50 m、宽 1.00 m、高 1.00 m 的倾斜循环水槽中进行的。采用 LDV 获得流速值，实验工况分为三组，具体工况见表 4.2.1。

表 4.2.1　实验工况参数表（Pasch and Rouve，1985）

组号	主槽水深/m	边滩水深/m	边坡坡度/10^{-3}	植株直径/m	植被系数/m^{-1}
a	0.20	0.076	0.5	0.012	1.34
b	0.20	0.076	0.5	0.012	2.69
c	0.20	0.076	1.0	0.012	10.76

4.3　分析与讨论

4.3.1　参数确定

对于 4.1.1 小节提及的无量纲涡黏模型 $\xi_{yx} = \zeta HU_* = \zeta H\left(\dfrac{f}{8}\right)^{1/2} U$，其中的常数 ζ，许多研究人员通过研究认为，其值不变。Pasch 和 Rouve（1985）在主河槽区域及河漫滩区域取不同的 ζ 值，以使他们的 k-ε 模型和实验数据符合得更好。鉴于主河槽区域内无植被，ζ 可取为明渠流标准的二维水深平均值（0.067），对于有植被的河漫滩区域的 ζ 值，可参考主河槽区域与河漫滩区域 ζ 值之间的经验关系[$\zeta_3 / \zeta_1 = (2D_r)^{-4}$，$D_r = (H-h)/H$，$\zeta_1$、$\zeta_3$ 分别为主河槽区域、河漫滩区域的 ζ 值]，同时考虑许多数值模型给定的区域 [0.15, 0.50]，进行取值，以取得较为满意的结果。主槽边斜坡区域的 ζ 值取主河槽区域的两倍左右（0.14 或 0.15）。

为了有效地应用式（4.1.11）、式（4.1.12），各区的达西-魏斯巴赫摩擦系数 f 必须给定。在无植被的情况下，Shiono 和 Knight（1991，1988）根据实验数据，给出了相应工况下各区 f 值的横向分布图。从分布图中可选得较为合理的 f 值。对于河漫滩上有植被的情况，却没有给出 f 值。本节根据基本的水力学公式，推导出一个更为简便的关于 f 的公式。

因为 $J = fU^2/(8gR)$ （水力学中的水力坡度经验公式），$U = \dfrac{1}{n} R^{2/3} J^{1/2}$（谢才公式、曼宁公式的综合结果），所以

$$f = 8gn^2 / R^{1/3} \tag{4.3.1}$$

式中：n 为粗糙系数；R 为水力半径；g 为重力加速度。式（4.3.1）只是一个近似公式，根据解析解给出的结果（图 4.3.1、图 4.3.2），该公式可以应用。

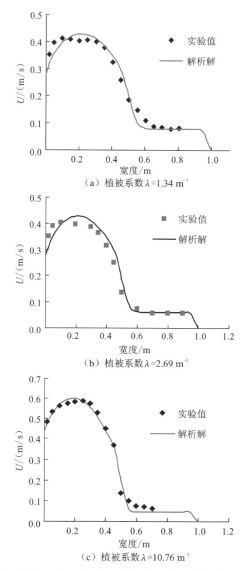

图 4.3.1　计算（解析解）与测量（实验值）水深平均流速的横向分布图

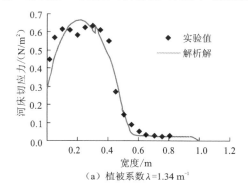

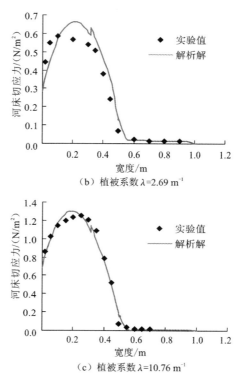

图 4.3.2　计算（解析解）与测量（实验值）河床切应力的横向分布图

根据式（4.3.1）得到 1 区、3 区的 f 值，分别为 0.029、0.033，2 区的 f 值取 1 区、3 区的均值，为 0.031。

4.3.2　流速模型验证

利用 4.3.1 小节中给出的参数，最终可以得到关于水深平均流速的横向分布解析解，结果如图 4.3.1 所示，结果表明解析模型能够预报 U 的横向分布。由于没有考虑二次流的影响，计算得到的三区流速略小于实验给出的速度，但解析解给出的值和实验值大部分符合得较好，可以应用于实际工程。得到水深平均流速以后，河床切应力也就可以确定下来，结果绘于图 4.3.2 中，可见实验值与解析解吻合较好。

4.4　本章小结

本章给出的河漫滩上有植被的复式断面水深平均流速横向分布的解析模型，对于从事洪水减灾项目的工程人员来说，是一个十分有效的应用手段。对于一个给定的水位，在横向方向求和不仅可以得到总流量，相应于多层次河道，每个分区的流量百分比也能十分方便地求得。为了求得河道过水流量，必须给定河道水位、横断面形状及粗糙系数等条件。此外，利用当地摩阻流速，可以求得明渠流中河床切应力的横向分布，这对于泥沙输移理论也是十分重要的。

本章的解析模型是在一些合理假定的基础上得到的，本章的研究对象为恒定均匀流，对应于梯形复式断面河漫滩有非淹没植被的情形，所以适用范围也就限于这种情况。同时，无量纲涡黏模型的引入参考了前人的研究工作，达西-魏斯巴赫摩擦系数 f 的确定也借鉴了传统水力学中的经验公式，解析模型给出的结果表明，这些假定都是较为合理的，有其实用价值。

淹没植被水流能量分布特性

本章研究淹没状态下的明渠植被水流的能量平衡机理。通过计算得到由于切应力及植被阻力而耗散的能量及水深方向的能量传递量。更深入的分析表明，在整个断面上，水流的能量在植被顶部达到最大值，并由此处开始逐渐递减，直至水流表面处和渠底处衰减为零。在植被区，水流能量的耗散大于当地水流的能量，因而能量从上部的无植被区向植被区传递。此外，在整个断面上，水深方向的能量传递总和为零，因此，水流的能量耗散及传递满足能量守恒定律。同时，作者发现，植被对水流有三种影响，即植被对紊动的限制、植被本身的紊动源效应，以及植被会导致水流能量的传递，其中植被本身的紊动源效应最为明显。

5.1　植被环境能量理论

5.1.1　能量耗散与传递

1. 水流的当地提供能量

定义 $h_f = E_1 - E_2$ 为均匀流中的两个随机断面（断面 1 和断面 2）间的水头损失，E_1 为断面 1 的总水头，E_2 为断面 2 的总水头，两断面的间距为 Δl。因此，水流的能量坡度 $S = h_f / \Delta l = (E_1 - E_2) / \Delta l$ 即可表示单位重量的水在单位流程内的当地提供能量，γS 为单位体积的水在单位流程内的当地提供能量，γ 为容重。因此，单位时间内单位体积水的当地提供能量可以由 γS 及流速 u 表示：

$$W_b = \gamma S u \tag{5.1.1}$$

由控制方程 $\dfrac{\mathrm{d}\tau}{\mathrm{d}z} = -\gamma S + f_{cd}$ 和 $W_b = \gamma S u$ 可以推出：

$$W_b = -u \frac{\mathrm{d}\tau}{\mathrm{d}z} + u f_{cd} \tag{5.1.2}$$

式中：τ 为剪应力；f_{cd} 为植被阻力。

2. 能量的耗散

植被水流的能量耗散可以被分为两部分，即克服水流阻力导致的能量耗散及克服植被拖曳力导致的能量耗散。Bakhmeteff 和 Allan（1945）给出了前者的表达式：

$$W_{sw} = \tau \frac{\mathrm{d}u}{\mathrm{d}z} \tag{5.1.3}$$

单位体积植被拖曳力的表达式为

$$F_V = \frac{1}{2} \rho C_{\mathrm{d}} A u^2 \tag{5.1.4}$$

式中：ρ 为密度；C_{d} 为拖曳力系数；A 为单位体积内植被的迎流面积，它的值等于控制体内的植被数目 n、单株植被的迎流宽度 b 及控制体高度 $\mathrm{d}z$ 的乘积。在时间 $\mathrm{d}t$ 内，水流的流程为 $u\mathrm{d}t$，因此单位时间、单位体积内的拖曳力所做的功为

$$W_{sv} = \begin{cases} 0, & h < z \leqslant H \\ \dfrac{\rho C_{\mathrm{d}} A u^2}{2\mathrm{d}x\mathrm{d}z \times 1 \times \mathrm{d}t} \times u\mathrm{d}t = \dfrac{1}{2}\rho C_{\mathrm{d}} a u^3, & 0 \leqslant z \leqslant h \end{cases} \tag{5.1.5}$$

式中：H 为水深；h 为植被高度；a 为植被密度。

由式（5.1.3）和式（5.1.5），可以得到当地耗散能量的表达式：

$$W_s = W_{sw} + W_{sv} = \tau \frac{\mathrm{d}u}{\mathrm{d}z} + u f_{cd} \tag{5.1.6}$$

3. 能量的传递

根据 Bakhmeteff 和 Allan（1945），$(\tau \mathrm{d}x \times 1) \times u$ 为控制体下部切应力所做的功，即由控制体向下方传递的能量，$(\tau + \mathrm{d}\tau) \times \mathrm{d}x \times 1 \times (u + \mathrm{d}u)$ 为从控制体上方水流传递到控制体的能量。由此可得控制体向下传递的能量总和为

$$(\tau \mathrm{d}x \times 1)u - (\tau + \mathrm{d}\tau)\mathrm{d}x \times 1 \times (u + \mathrm{d}u) = -\mathrm{d}x \times 1 \times (\tau \mathrm{d}u + u\mathrm{d}\tau) - \mathrm{d}\tau \mathrm{d}u\mathrm{d}x \times 1 \tag{5.1.7}$$

忽略高阶小量 $\mathrm{d}\tau \mathrm{d}u\mathrm{d}x$，将式（5.1.7）除以控制体体积 $\mathrm{d}x \times 1 \times \mathrm{d}z$，得

$$W_t = -\frac{\mathrm{d}(\tau u)}{\mathrm{d}z} \tag{5.1.8}$$

式中：W_t 为单位时间内单位体积水流的当地传递能量。

式（5.1.8）是单位时间内单位体积水流的当地传递能量，其形式在有无植被存在的情况下都是相同的。

5.1.2　能量平衡

本小节将分析植被水流断面上的能量平衡，并探讨植被对水流的影响。

1. 水流内部任一点的能量平衡

将式（5.1.2）、式（5.1.6）和式（5.1.8）改写为

$$W_t = -u\frac{\mathrm{d}\tau}{\mathrm{d}z} - \tau\frac{\mathrm{d}u}{\mathrm{d}z} = \left(-u\frac{\mathrm{d}\tau}{\mathrm{d}z} + u f_{cd}\right) - \left(\tau\frac{\mathrm{d}u}{\mathrm{d}z} + u f_{cd}\right) = W_b - W_s \tag{5.1.9}$$

即

$$W_b = W_s + W_t \tag{5.1.10}$$

式（5.1.10）中的能量平衡形式与无植被存在的明渠水流的能量平衡形式类似。

2. 断面上的能量平衡

由式（5.1.10）可以推导出整个断面的能量平衡关系。将控制方程 $\dfrac{\mathrm{d}\tau}{\mathrm{d}z} = -\gamma S + f_{cd}$ 沿垂向由 H 到 z 积分：

$$\tau = \gamma(H-z)S + \int_H^z f_{cd}\mathrm{d}z = \gamma(H-z)S - F_{cd} \qquad (5.1.11)$$

其中，$F_{cd} = \int_z^h f_{cd}\mathrm{d}z + \int_h^H f_{cd}\mathrm{d}z = \int_z^H f_{cd}\mathrm{d}z = -\int_H^z f_{cd}\mathrm{d}z$ 是植被阻力由 z 到 H 的积分。

$f_{cd}(z)$ 为植被阻力，其定义为

$$f_{cd}(z) = \begin{cases} 0, & h < z \leqslant H \\ \dfrac{1}{2}\rho C_d a u^2(z), & 0 \leqslant z \leqslant h \end{cases} \qquad (5.1.12)$$

当 $z \geqslant h$ 时，$F_{cd} = 0$，此时，

$$(F_{cd})' = \frac{\mathrm{d}}{\mathrm{d}z}\left(-\int_H^z f_{cd}\mathrm{d}z\right) = -f_{cd} \qquad (5.1.13)$$

将式（5.1.2）、式（5.1.6）、式（5.1.8）、式（5.1.10）和式（5.1.11）联立，可得

$$-u\frac{\mathrm{d}\tau}{\mathrm{d}z} + uf_{cd} = \left\{\left[\gamma(H-z)S + \int_H^z f_{cd}\mathrm{d}z\right]\frac{\mathrm{d}u}{\mathrm{d}z} + uf_{cd}\right\} - \frac{\mathrm{d}}{\mathrm{d}z}\left[\gamma(H-z)Su + u\int_H^z f_{cd}\mathrm{d}z\right] \qquad (5.1.14)$$

将式（5.1.14）沿水深方向由 z 到 H 积分：

$$\begin{aligned}\int_z^H u\left(-\frac{\mathrm{d}\tau}{\mathrm{d}z} + f_{cd}\right)\mathrm{d}z = &\left[\gamma S\int_z^H (H-z)\frac{\mathrm{d}u}{\mathrm{d}z}\mathrm{d}z + \int_z^H \int_H^z f_{cd}\mathrm{d}z\frac{\mathrm{d}u}{\mathrm{d}z}\mathrm{d}z + \int_z^H uf_{cd}\mathrm{d}z\right] \\ &- \left\{\int_z^H \mathrm{d}\left[\gamma(H-z)Su + u\int_H^z f_{cd}\mathrm{d}z\right]\right\}\end{aligned} \qquad (5.1.15)$$

式（5.1.15）的等号左边是由 z 到 H 的当地提供能量，利用控制方程 $\dfrac{\mathrm{d}\tau}{\mathrm{d}z} = -\gamma S + f_{cd}$，等号左边可以改写为 $\gamma S\int_z^H u\mathrm{d}z$。式（5.1.15）的等号右边，第一项和第二项是 $z \sim H$ 范围内水流黏性应力导致的能量耗散，第三项是 $z \sim H$ 范围内由植被作用引起的能量耗散，第四项和第五项是 $z \sim H$ 范围内能量传递的总和。由 F_{cd} 的定义可知，第二项可以改写为

$$\int_z^H \int_H^z f_{cd}\mathrm{d}z\frac{\mathrm{d}u}{\mathrm{d}z}\mathrm{d}z = \int_z^H \left(\int_H^z f_{cd}\mathrm{d}z\right)\mathrm{d}u = -\int_z^H F_{cd}\mathrm{d}u \qquad (5.1.16)$$

第四项和第五项可以改写为

$$\begin{aligned}\int_z^H \mathrm{d}\left[\gamma(H-z)Su + u\int_H^z f_{cd}\mathrm{d}z\right] &= -\gamma Su(H-z) - u\left(\int_H^z f_{cd}\mathrm{d}z\right) \\ &= -\gamma Su(H-z) + uF_{cd}\end{aligned} \qquad (5.1.17)$$

因此，式（5.1.15）可以变形为

$$\gamma S \int_z^H u \mathrm{d}z = \left[\gamma S \int_z^H (H-z)\,\mathrm{d}u - \int_z^H F_{cd}\,\mathrm{d}u + \int_z^H u f_{cd}\,\mathrm{d}z \right] \\ + \left[\gamma S u(H-z) - u F_{cd} \right] \tag{5.1.18}$$

或者

$$W_b \big]_z^H = \left(W_{sw} \big]_z^H + W_{sv} \big]_z^H \right) + W_t \big]_z^H = W_s \big]_z^H + W_t \big]_z^H \tag{5.1.19}$$

式（5.1.18）、式（5.1.19）中各项的物理意义如下。

（1）$\gamma S \int_z^H u \mathrm{d}z = W_b \big]_z^H$ 为由 z 处到水流表面的水流总能量。这个量的表达式在有无植被存在的情况下都是相同的。

（2）$\gamma S \int_z^H (H-z)\,\mathrm{d}u$ 为没有植被存在的情况下水流的能量耗散。在植被存在的条件下，植被将抑制水流的紊动性并减少这部分能量耗散。差值 $W_{sw} \big]_z^H$ 即植被水流中由水的黏性作用导致的能量耗散。

（3）$\int_z^H u f_{cd}\,\mathrm{d}z = W_{sv} \big]_z^H$ 是水流由植被作用导致的总的能量耗散。这一项显示，植被的存在增加了水流的紊动性。$W_s \big]_z^H = W_{sw} \big]_z^H + W_{sv} \big]_z^H$ 是植被水流由 z 到 H 总的能量耗散。

（4）$\gamma S u (H-z)$ 是水流从 z 到 H 总的能量传递。植被会限制能量由植被区向上传递。因此，植被水流总的能量传递为 $\gamma S u(H-z) - u F_{cd} = W_t \big]_z^H$。

综上所述，由 z 到 H 的区域内，植被水流总的当地提供能量与总的能量耗散及能量传递的和是相互平衡的。为进一步探讨平衡关系，将式（5.1.19）中的所有项均除以总的断面提供能量 $W_b \big]_0^H$，并在图 5.1.1 中画出各种能量积分曲线。图 5.1.1 中，能量传递曲线在植被顶部达到最大值，在渠道底部减小为零，整个断面总的能量传递为零。能量耗散曲线在无植被区缓慢增加，但在植被区急速增加，并在渠底与能量提供曲线相交。因此，断面总的能量耗散等于总的当地提供能量。将式（5.1.18）中的各项由渠底开始计算，将很明显地看出第二个结论，即当 $z=0$，$u=0$，$\gamma S u(H-z)=0$ 且 $u F_{cd}=0$ 时，断面总的能量传递为零：$W_t \big]_0^H = 0$。此时，式（5.1.19）可转化为

$$W_b \big]_0^H = W_s \big]_0^H \tag{5.1.20}$$

式（5.1.20）表明，在整个恒定均匀流中，水流总的当地提供能量与总能量耗散是相等的。

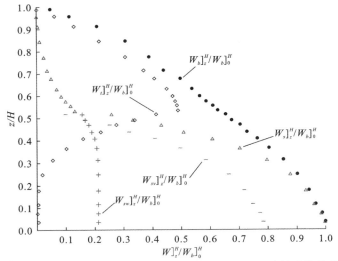

图 5.1.1　整个断面上总的当地提供能量、当地耗散能量及当地传递能量的积分曲线

5.2　实　　验

本节中的实验来源于 Shimizu（1994）的 A71。

在水槽中进行植被层上水流的水槽实验，在光滑的水槽（表 5.2.1）上，等高（K）和直径（D）的刚性（不变形）圆柱体以正方形的形式等距（s）放置。x 方向的拖曳力系数 $C_{dx}=1.0\sim1.5$，y 方向的拖曳力系数 $C_{dy}=0$。R 系列使用热膜风速计进行湍流测量，而 A 系列仅使用微螺旋桨测速仪（螺旋桨直径为 3 mm）测量纵向速度分量。湍流测量是将仪器的探头置于单个圆柱体的中心（与每个圆柱体间隔 s/2）。

表 5.2.1　水槽实验中的模拟植被

系列	D/cm	K/cm	s/cm	$\lambda(=D/s^2)/\text{cm}^{-1}$	地点
R	0.10	4.1	1.0	0.10	京都大学
A	0.15	4.6	2.0	0.037 5	金泽大学

在实验中，通过调整水槽下游端的堰，保持均匀流实验条件。表 5.2.2 为本实验段的实验条件，其中 $H=$ 底部以上流动深度（即水深），$h'=$ 植被层以上深度（$h'=H-K$），$u_*=\sqrt{\tau_0/\rho}$，$u_{*k}=\sqrt{\tau_k/\rho}$，$\tau_0=\rho gHI$ 为床面剪应力，g 为重力加速度，I 为能量梯度，$\tau_k=\rho gh'I$，U_m 为深度平均速度。

表 **5.2.2**　实验条件

工况	H/cm	h'/cm	$I/10^{-3}$	$u_*/$（cm/s）	$u_{*k}/$（cm/s）	$U_m/$（cm/s）	h'/K
R22	7.30	3.20	1.08	2.78	1.84	9.55	0.78
R24	9.48	5.38	1.00	3.05	2.30	12.78	1.31
R31	6.31	2.21	1.64	3.18	1.88	11.21	0.54
R32	7.47	3.37	2.13	3.95	2.65	13.87	0.82
R41	6.59	2.39	4.70	5.51	3.32	14.52	0.58
R42	7.35	3.25	2.63	4.35	2.89	17.16	0.79
R44	9.53	5.43	2.56	4.89	3.69	22.06	1.32
R53	8.41	4.30	4.35	5.98	4.28	23.31	1.05
R55	10.52	6.42	4.76	7.01	5.47	30.46	1.57
A11	9.50	4.91	1.06	3.14	2.26	13.25	1.07
A12	7.49	2.90	1.42	3.23	2.01	11.72	0.63
A31	9.36	4.77	2.60	4.88	3.48	19.59	1.04
A71	8.95	4.36	8.86	8.82	6.15	33.05	0.95

5.3　分析与讨论

图 5.3.1 显示了由 Shimizu（1994）的 A71 序列计算得到的当地提供能量、当地耗散能量和当地传递能量。所有结果都被除以水流的断面平均能量，即 $W_0 = \gamma SU$，其中，U 为水深平均流速。图 5.3.1 显示，无植被区域水流的能量传递及耗散规律与明渠水流的能量传递及耗散规律非常相似，当地提供能量大于当地耗散能量，因而多余的能量被传递到下部的植被区域。

可以看出，式（5.1.1）和式（5.1.2）的计算结果并不严格相等。实线代表式（5.1.1）的计算结果，圆点代表式（5.1.2）的计算结果。

植被区域的能量传递及耗散规律与无植被区域完全不同：

（1）由于植被导致了附加的能量耗散，能量耗散曲线是不连续的并且在植被顶部达到最大值。此外，能量耗散随着流速的减小而减少，从数值上看，下层植被区的能量耗散小于上层植被区的能量耗散，这意味着上层植被区质量和能量的交换更为强烈，这与 Nepf 和 Ghisalberti（2008）所得到的结果吻合。

（2）当地传递能量在植被区域为负值，这意味着植被区域的水流从无植被区域接收能量，用来弥补水流当地提供能量的不足。

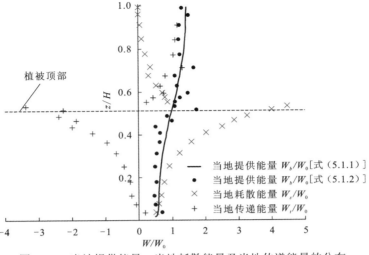

图 5.3.1　当地提供能量、当地耗散能量及当地传递能量的分布

（3）在植被底部，黏性作用的增强导致了当地耗散能量的增加，然而其数值远小于无植被区域的当地耗散能量。

章前引言中提到了植被对水流的三种影响：植被对紊动的限制表现为 $\int_z^H F_{cd}\mathrm{d}u$；植被本身的紊动源效应表现为 $\int_z^H u f_{cd}\mathrm{d}z$；植被导致的水流能量的传递表现为 uF_{cd}。其中，前两项是互相矛盾的，前一项减弱紊动，而后一项增加紊动。这两种作用并不相互平衡，后一种作用要大于前一种作用。利用式（5.1.12）对第一项进行分部积分，得

$$\int_z^H F_{cd}\mathrm{d}u = u F_{cd}\big]_z^H - \int_z^H u(F_{cd})'\mathrm{d}z = -uF_{cd} + \int_z^H u f_{cd}\mathrm{d}z \tag{5.3.1}$$

或者

$$\int_z^H u f_{cd}\mathrm{d}z - \int_z^H F_{cd}\mathrm{d}u = u F_{cd} = u\int_z^H f_{cd}\mathrm{d}z \geqslant 0 \tag{5.3.2}$$

从式（5.3.2）可以看出，植被作为紊动源的作用大于植被对紊动的抑制作用，即植被对于水流的紊动总体上是起到促进作用的。特殊情况下，当 $u=0$，$z=0$ 时，传递项仅起到在断面上重新分配能量的作用。此时，植被对紊动的抑制作用及作为紊动源的作用恰好相互平衡。

5.4　本章小结

本章给出了恒定均匀流状态下，明渠植被淹没水流的当地提供能量[式（5.1.2）]、当地耗散能量[式（5.1.6）]及当地传递能量[式（5.1.8）]的表达式。由此出发，本章探讨了植被水流的能量平衡关系[式（5.1.10）及式（5.1.18）]及水流对植被的影响。

（1）能量的耗散集中在植被区域，尤其是在植被顶点附近。植被区域上部水流的能量及质量交换比下部更为激烈。

（2）在无植被区域，水流的当地提供能量大于当地耗散能量，在植被区域则相反。能量由上部的无植被区域向下部的植被区域传递。

（3）在植被水流内部的任意一点，当地提供能量都等于当地耗散能量与当地传递能量的和。在从 z 到 H 的区域，当地提供能量的积分等于当地耗散能量的积分与当地传递能量的积分的和。在整个植被水流中，总的能量传递值为零，水流总的当地提供能量等于水流总的耗散能量。在没有植被存在的水流中也是如此。

（4）植被对水流有抑制紊动、促进紊动及影响能量传递的作用。其中，植被对水流紊动的促进作用占主导地位。

植被环境泥沙的起动机理

为了满足生态恢复的需要，近年来人们对有水生植被的河道的泥沙运动研究越来越感兴趣。而有植被覆盖的明渠的初始输沙量的测定是估算河流河床输沙量和评价水生态环境的关键。初始泥沙运动是河床输沙的第一阶段，对预测河床输沙和防止河床侵蚀具有重要意义。本章则是在植被阻力作用下泥沙颗粒力平衡方程的基础上提出一个新的公式来预测在植被生长条件下的初始泥沙运动的临界流速，该公式考虑植被阻力的影响，即平均流量和湍流对泥沙运动的影响。并将该公式与采集的实验数据进行比较，发现它们比较吻合。此外，还将该公式推广到有淹没植被的情况，结果表明植被阻力可能是有植被覆盖的明渠初始泥沙运动的内在影响因子。但由于所比较的实验数据均在室内水槽和固定实验条件下得到，所以该公式是否符合实验条件以外的含植被明渠水流的初始泥沙运动还需要更进一步的研究。

6.1　泥沙起动理论

在无植被的河道中，早期泥沙运动已被许多研究者研究过（Wan Mohtar et al.，2020；Li and Katul，2019；Ali and Dey，2017；Celik et al.，2013；Zhang et al.，1998；Goncharov，1962；Li，1959；Levy，1956；Shamov，1952；Shields，1936）。用来量化泥沙输移初期条件的两个主要指标是临界切应力和临界流速（Chien and Wan，1999）。近年来的研究也表明，湍流对泥沙的初期运动有内在的影响（Wan Mohtar et al.，2020；Li and Katul，2019；Ali and Dey，2017）。

由于植被与水流的相互作用，植被环境的水流结构和湍流比裸床上复杂得多。植被施加的阻力增加了流阻，从而降低了平均流速和河床剪应力，从而导致高水位。此外，植被产生了不同的流速剖面，这是不能用裸床上传统的流量对数法来描述的。此外，植被的存在迫使水流绕植被茎秆移动，从而改变了流场和床层剪应力的空间异质性（Nepf，2012b）。这一结果表明，冠层内泥沙的初始运动与当地的水流状况有显著的相关性。

因此，与单一的平均值相比，水流参数的空间分布更适合描述有植被覆盖明渠的输沙情况（Yager and Schmeeckle，2013）。另外，冠层内部的湍流可以由河床和植被的茎秆产生。特别地，湍流动能主要受植被阻力而非河床剪应力控制，从而打破了湍流与河床剪应力之间的传统联系（Nepf，1999；Raupach et al.，1996）。因此，在无植被的明渠水流中建立的泥沙输移关系可能不适用于有植被的地区（Nepf，2012b）。通过 Nepf（2012b）的研究可知，由植被茎秆产生的湍流可能导致低流速下的初期泥沙运动。因此，在有植被的明渠的初始泥沙运动中，水流可能比在裸床上更为复杂。

6.1.1　力学分析

　　本章拟以平均流速为量化指标，特别是以植被阻力为主要影响因素，探讨有植被的明渠水流的初始泥沙运动规律。并且借鉴 Levy（1956）和 Li（1959）提出的理论来分析植被河道中泥沙颗粒的受力。随后，将植被阻力引入力平衡方程中，推导出有生长植被的明渠的泥沙初始运动方程。

　　对于生长植被的明渠内稳定、均匀的水流，沙质河床上典型颗粒的主要作用力为拖曳力 P、升力 F_u 和沉水自重 G（图 6.1.1）。

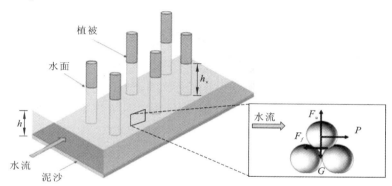

图 6.1.1　在有生长植被的明渠水流中沉积物颗粒的受力示意图

h_v 为植被在水中的深度；h 为生长植被的水深；F_u 为升力；P 为拖曳力；G 为颗粒的沉水自重；F_f 为摩擦阻力

　　水的重量沿流动方向的分量可以表示为

$$T = \gamma R S \tag{6.1.1}$$

式中：γ 为水的容重；R 为水力半径；S 为能量斜率。在有植被的情况下，总剪应力主要受植被阻力的影响（Nepf，2012b）。当水流充分时，流动方向的动量方程可以写成（Huai et al.，2009b）：

$$T - \frac{1}{2} C_D \rho a h_v^2 = 0 \tag{6.1.2}$$

式中：C_D 为拖曳力系数；ρ 为水体密度；a 为植被密度，表示单位体积的预估植物面积。施加在颗粒上的拖曳力 P 可以看作流动力 T 的一部分（Li，1959；Levy，1956）：

$$P = mTA_1 \frac{\pi}{4} d^2 \tag{6.1.3}$$

式中：d 为植被直径；m 为作用在沙粒上的水流力的比例系数；A_1 为垂向沙粒形状系数。升力和沉水自重分别表示为

$$F_u = kmTA_2 \frac{\pi}{4} d^2 \tag{6.1.4}$$

$$G = A_3 \frac{\pi}{6} d^3 (\gamma_s - \gamma) \tag{6.1.5}$$

式中：γ_s 为沉积物的容重；k 为比例常数；A_2、A_3 为泥沙颗粒形状系数。考虑泥沙颗粒的受力平衡可得（Li，1959）

$$P + G\sin\theta = f(G\cos\theta - F_u) \tag{6.1.6}$$

式中：θ 为河床坡度；f 为泥沙运动摩擦系数。一般来说，天然河流的河床坡度是非常小的。因此，$\sin\theta = 0$，$\cos\theta = 1$。据此，式（6.1.6）可简化为

$$P = f(G - F_u) \tag{6.1.7}$$

6.1.2 起动流速推导

将式（6.1.1）～式（6.1.5）代入式（6.1.7），得

$$\frac{V_c^2}{\dfrac{\gamma_s - \gamma}{\gamma} gd} = \frac{4}{3} \cdot \frac{fA_3}{C_D ah \cdot m(A_1 + fkA_2)} \tag{6.1.8}$$

式中：g 为重力加速度；V_c 为初始泥沙运动的临界流速。对于细沙（即 0.1 mm 以下直径），Li（1959）提出 f 是沙粒直径与黏性亚层厚度之比的函数。目前的研究只考虑非黏性泥沙（即 0.1 mm 以上直径）。因此，f 可以被认为是相对粗糙度（即水深与沙粒直径之比）的函数：

$$f = F_1\left(\frac{h}{D}\right) \tag{6.1.9}$$

其中，F_1 为函数符号，表示 f 取决于相对粗糙度。在无植被的明渠水流中，可以假设 m 在一定条件下为常数（Li，1959）。然而，在有植被的明渠水流中，施加在泥沙颗粒上的水流力受到植被阻力的显著影响。因此，m 应为反映植被阻力的参数的函数：

$$m = \phi_1(C_D ah) \tag{6.1.10}$$

其中，ϕ_1 为函数符号，表示 m 对参数 C_D、a、h 的依赖关系。当已知泥沙颗粒类型时，式（6.1.8）中的形状系数 A_1、A_2、A_3 为常数。将式（6.1.9）和式（6.1.10）代入式（6.1.8），式（6.1.8）可以改写为

$$\frac{V_c}{\sqrt{\dfrac{\gamma_s - \gamma}{\gamma} gd}} = F_2\left(\frac{h}{D}\right) \cdot \phi_2(C_D ah) \tag{6.1.11}$$

其中，ϕ_2 和 F_2 是两个函数符号。对于无植被水流的水力粗糙流态，初始泥沙运动的临界流速可以表示为（Ali and Dey，2017）

$$V_{c0} = \sqrt{\frac{\gamma_s - \gamma}{\gamma} gd} KF\left(\frac{h}{D}\right) \tag{6.1.12}$$

其中，K 为乘法常数，F 为函数符号。当河道内无植被时，$V_c = V_{c0}$，V_{c0} 表示无植被时的初始泥沙运动临界流速。也就是说，对于 $C_D ah = 0$，ϕ_2 应该是一个常数 c。因此，

$c \cdot F_2\left(\dfrac{h}{D}\right) = KF\left(\dfrac{h}{D}\right)$ ，式（6.1.11）可以写为

$$\frac{V_c}{V_{c0}} = \frac{\phi_2(C_D ah)}{c} = \phi_3(C_D ah) \tag{6.1.13}$$

其中，ϕ_3 是一个函数符号。实验结果表明，在有植被的流域，V_c 随 $C_D ah$ 的增加而降低。此外，$\phi_2(0) = c$，因此，可以假定 $\phi_2(C_D ah)$ 近似地遵循指数形式。$\phi_2(C_D ah) = c + c_1(C_D ah)^{c_2}$，其中 c_1 和 c_2 是两个无量纲系数。因此，$\phi_3(C_D ah)$ 可以表示为

$$\phi_3(C_D ah) = 1 + k_1(C_D ah)^{\beta_1} \tag{6.1.14}$$

其中，k_1 和 β_1 为两个无量纲系数，反映了植被对初始泥沙运动的影响。因此，式（6.1.13）可以进一步表示为

$$\frac{V_c}{V_{c0}} = 1 + k_1(C_D ah)^{\beta_1} \tag{6.1.15}$$

将式（6.1.12）与 Zhang 等（1998）提出的公式 $\left[\text{即 } V_{c0} = 1.34\sqrt{\dfrac{\gamma_s - \gamma}{\gamma}gd}\left(\dfrac{h}{D}\right)^{\frac{1}{7}}\right]$ 进行比较，得到如下公式：

$$c \cdot F_2\left(\frac{h}{D}\right) = KF\left(\frac{h}{D}\right) = 1.34\left(\frac{h}{D}\right)^{\frac{1}{7}} \tag{6.1.16}$$

将式（6.1.14）和式（6.1.16）代入式（6.1.11），得

$$\frac{V_c}{\sqrt{\dfrac{\gamma_s - \gamma}{\gamma}gd}} = 1.34\left(\frac{h}{D}\right)^{\frac{1}{7}} \cdot [1 + k_1(C_D ah)^{\beta_1}] \tag{6.1.17}$$

当式（6.1.15）与式（6.1.17）比较时，仅将式（6.1.15）中无植被明渠水流的初始泥沙运动临界流速 V_{c0} 替换为 $V_{c0} = 1.34\sqrt{\dfrac{\gamma_s - \gamma}{\gamma}gd}\left(\dfrac{h}{D}\right)^{\frac{1}{7}}$。

6.2 实　　验

利用 Tang 等（2013）和 Yang 等（2016）的实验数据集对导出的公式[式（6.1.15）]进行了校准，并验证了式（6.1.17）计算出的初始泥沙运动临界流速。Yang 等（2016）在循环水槽中进行了实验，实验段底部有黏沙。通过将直径 $d = 6.3$ mm 的刚性圆柱体错开固定在木板上模拟植被模型。在底部铺上一层黑色的沙子，用摄像机记录下黑色沙子的运动。然后，将运动的沙产生的最大视频噪声作为初始泥沙运动的临界判据。Tang 等（2013）的实验是在倾斜水槽中进行的，水槽底部有大约 5 cm 厚的沙层。为了模拟植被，直径 $d = 6$ mm 的刚性圆柱体以方形模式放置在实验段。将植被区外净输沙的发生作为起始输沙的判据。实验数据集总结如表 6.2.1 所示。

表 6.2.1   实验数据条件

研究者	D/mm	λ	h/cm	V_{c0}/（m/s）	运行次数
Tang 等（2013）	0.58	0.004 7~0.014	6，9，12	0.143~0.177	18
	0.67			0.149~0.179	18
Yang 等（2016）	1.70~2.00	0.006~0.05	20~22	0.179~0.300	4
	0.60~0.85			0.100~0.171	4

注：λ 为植被覆盖度；Yang 等（2016）实验水深为 20~22 cm，为方便起见，在所有运行中都使用水深的平均值进行预测。

6.3   分析与讨论

6.3.1   参数确定

Tang 等（2013）的实验数据集用于校准式（6.1.15）中的两个系数。这些实验中的植被拖曳力系数 C_D 可以根据 Wang 等（2014）估算。这是因为 Wang 等（2014）与 Tang 等（2013）在几乎相同的水力和植被条件下进行了实验，并测量了 C_D 值。用最小二乘法对实验数据进行最佳拟合，得到 $k_1 = -0.55$，$\beta_1 = 0.24$，如图 6.3.1 所示，式（6.1.15）为黑色曲线，与 $R^2 = 0.94$ 的数据具有较好的一致性。

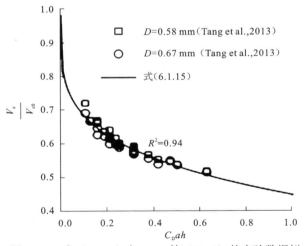

图 6.3.1   式（6.1.15）与 Tang 等（2013）的实验数据拟合

6.3.2   临界流速公式的验证

基于式（6.1.15）中两个系数的确定，可以通过式（6.1.17）直接计算临界流速。随后，利用 Yang 等（2016）的实验数据，将计算出的临界流速 $V_{c,\text{calculated}}$ 与实测的临界流速

$V_{c,measured}$ 进行对比，验证了导出的公式。在 Yang 等（2016）的实验中，采用式（6.1.17）中的 C_D=1 来计算临界流速。计算出的临界流速与实验数据相对应，如图 6.3.2 所示。结果表明，R^2=0.88，拟合效果较好。这表明式（6.1.17）在预测露水植被中初始泥沙运动临界流速方面是有效的。

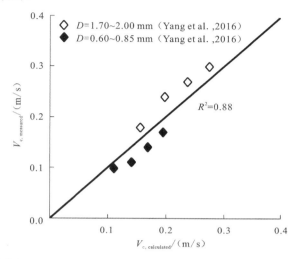

图 6.3.2　计算得到的临界流速[式（6.1.17）]与 Yang 等（2016）实验数据的比较

6.3.3　测定 V_{c0}

如式（6.1.15）所示，有植被的明渠水流的初始泥沙运动临界流速 V_c 为 V_{c0} 与植被影响因子的乘积。因此，V_{c0} 的准确预测至关重要。各种经验公式都可以预测裸床上初始泥沙运动的临界流速。本节采用 $V_{c0}=1.34\sqrt{\dfrac{\gamma_s-\gamma}{\gamma}gd}\left(\dfrac{h}{D}\right)^{\frac{1}{7}}$ 预测了 Zhang 等（1998）提出的充分发展的湍流中非黏性初始泥沙运动的临界流速，并利用 Tang 等（2013）和 Xue 等（2017）的实验数据对其准确性进行了检验。实验条件如表 6.3.1 所示。

表 6.3.1　裸床泥沙运动的实验条件

研究者	D/mm	h/cm	V_{c0}/（m/s）	运行次数
Tang 等（2013）	0.58	6，9，12	0.245～0.277	3
	0.67		0.259～0.290	3
Xue 等（2017）	0.50	9～17	0.251～0.269	4
	1.00	12～22	0.339～0.367	4

将测得的临界流速 $V_{c0,measured}$ 与计算的临界流速 $V_{c0,calculated}$ 进行对比，如图 6.3.3 所示。

V_{c0} 的预测基于 $V_{c0}=1.34\sqrt{\dfrac{\gamma_s-\gamma}{\gamma}gd}\left(\dfrac{h}{D}\right)^{\frac{1}{7}}$，仅使用水深（$h$）、粒径（$D$）、泥沙和水的容重进行计算。预测值与实测值吻合较好，$R^2=0.99$，平均相对误差为 1.82%，证明 $V_{c0}=1.34\sqrt{\dfrac{\gamma_s-\gamma}{\gamma}gd}\left(\dfrac{h}{D}\right)^{\frac{1}{7}}$ 对无植被明渠初始泥沙运动临界流速的预测具有较高的可靠性。

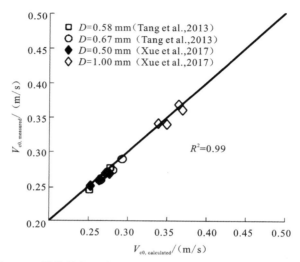

图 6.3.3 计算的临界流速与无植被条件下水流实验数据的比较

6.3.4 植被影响因子

本章以植被阻力为突破口，推导了有植被生长的水流的初始泥沙运动公式，特别是对表示作用在泥沙颗粒上的水流力的系数 m 进行了处理。这在物理上是有意义的，因为沿水流方向的水的重量主要由植被对明渠水流的阻力来平衡。一般来说，植被阻力影响流场，主导植被流中从平均流量到 TKE 的能量转移（Nepf，2012b；Tanino and Nepf，2011；Raupach and Shaw，1982）。因此，施加在泥沙颗粒上的牵引力主要取决于代表植被阻力影响的植被参数。

如式（6.1.15）所示，有植被的明渠水流初始泥沙运动的临界流速与无植被的水流初始泥沙运动的临界流速之比，取决于综合植被参数 $C_D ah$。注意到该参数代表了植被特征参数对植被阻力的影响。因此，式（6.1.15）反映了在有植被的情况下，植被阻力对初始泥沙运动的影响。此外，推导公式的预测值与实验实测值吻合较好（分别见图 6.3.1 和图 6.3.2），说明将植被阻力效应作为影响因子来描述植被明渠的初始泥沙运动是正确的。

6.3.5 淹没植被情景

将两层模型应用于有淹没植被的水流。利用标记为植被高度的界面将整个流深分为两

层（即表层和阻力层）。对于阻力层，不考虑床层阻力，其力平衡方程为（Huthoff et al.，2007）

$$T - \frac{1}{2}C_{\mathrm{D}}\rho a h_{\mathrm{v}} V_{\mathrm{v}}^2 = 0 \tag{6.3.1}$$

其中，T 表示为式（6.1.1），h_{v}、V_{v} 分别为植被淹没高度和阻力层平均流速。

按照 6.1.2 小节的步骤及 6.3.1 小节的验证系数，得到淹没植被的初始泥沙运动公式：

$$\frac{V_{\mathrm{vc}}}{\sqrt{\dfrac{\gamma_{\mathrm{s}} - \gamma}{\gamma}gd}} = 1.34\left(\frac{h}{D}\right)^{\frac{1}{7}} \cdot [1 - 0.55(C_{\mathrm{D}}ah_{\mathrm{v}})^{0.24}] \tag{6.3.2}$$

式中：V_{vc} 为阻力层内的临界平均流速。随后，利用 Xue 等（2017）的实验数据验证式（6.3.2）。他们在一个矩形的循环水槽（长 8 m，宽 0.4 m）中进行了实验，水槽中有两种尺寸的均匀颗粒。坚硬的淹没植被由高度为 10 cm、直径为 8 mm 的玻璃棒模拟。水深范围为 12～20.3 cm。上述研究也将净输沙的发生作为泥沙运动开始的判据，与 Tang 等（2013）相同。在阻力层中测量平均流速 V_{v}，并将其作为初始泥沙运动的量化指标。注意，式（6.3.2）中使用了 $C_{\mathrm{D}} = 1$ 来计算临界流速 V_{vc}。对于植被雷诺数，在刚性圆柱体的单相电流下，$Re_d \geqslant 100$ 通常是合理的（Nepf，2011）。Xue 等（2017）从测量的阻力层平均流速 V_{v} 中计算出的雷诺数在 1 200 和 1 800 之间。高雷诺数（$Re_d > 1000$）情况下，在淹没植被实验中，C_{D} 值保持不变，几乎等于 1.0（Meijer and van Velzen，1999）。此外，上述关于淹没植被的研究也假设了 $C_{\mathrm{D}} = 1$（Baptist et al.，2007；Huthoff et al.，2007）。

如图 6.3.4 所示，用式（6.3.2）预测的临界流速 $V_{\mathrm{vc,calculated}}$ 与实测值 $V_{\mathrm{vc,measured}}$ 吻合较好，决定系数 $R^2 = 0.91$，平均相对误差为 3.47%，最大相对误差为 8.8%，证明了式（6.3.2）的有效性，成功地将推导出的公式推广到淹没植被情景。

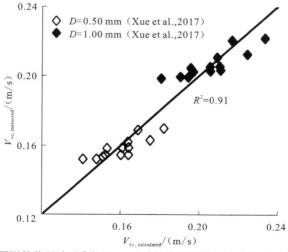

图 6.3.4　预测的临界流速［式（6.3.2）］与淹没植被下水流的实验数据的比较

6.4 本章小结

本章推导出了一个新的描述植被阻力对泥沙颗粒力平衡方程影响的公式。式(6.1.15)中的两个系数是由对生长植被的实验测量数据的最佳拟合确定的（Tang et al.，2013）。与采集的实验数据相比，本章提出的公式可以准确地预测植被生长条件下水流中初始泥沙运动的临界流速（Yang et al.，2016）。并将该公式推广到了有淹没植被的水流条件下。与 Xue 等（2017）的数据相比，在有淹没植被的水流中，对初始泥沙运动临界流速的预测也具有较好的准确性。这一结果表明，综合植被参数 $C_D ah$ 是反映植被对有植被的明渠水流泥沙运动影响的基本因子。此外，当流速超过初始泥沙运动的临界值时，就会发生输沙。目前的研究结果表明，$C_D ah$ 也可能是有植被的明渠河床输沙的一个影响因子。

本章所提公式基于对无植被的明渠水流初始泥沙运动的研究［见式（6.1.12）、

$$V_{c0} = 1.34 \sqrt{\frac{\gamma_s - \gamma}{\gamma} gd} \left(\frac{h}{D}\right)^{\frac{1}{7}}$$］。因此，其适用于相对粗糙度为 $10 \sim 10^4$ 的水力粗糙流态（Ali

and Dey，2017），而且通过实验数据确定并验证了该公式的正确性。本章实验均在室内水槽中进行，实验条件为常规植被和均匀非黏性泥沙，植被密度<0.1 株/m²。在上述条件之外，还需要对有植被的明渠水流的初始泥沙运动进行进一步的研究。

第 7 章

植被环境推移质输沙率计算

水生植被不仅能直接吸收氮、磷等污染物，促进污染物的氧化分解，提高河流的自我净化能力，还能为水生生物提供适宜的栖息地，有助于河流物种生物多样性的发展。河床冲刷和泥沙沉积影响植被的生存与繁殖。了解有植被明渠的泥沙输移对河流生态恢复具有重要意义。然而，植被对泥沙输移的作用机制非常复杂，并没有被完全理解，导致一些基于植被的恢复项目失败。因此，利用水生植被预测河流生态系统的承载能力是河流生态系统恢复的迫切需要。本章通过设置不同的能量坡度和固体体积分数，研究挺水植被存在时的弱床载输移规律。在其他条件相同的情况下，输沙量随能量坡度的增大而增大，随固体体积分数的增大而减小。用总流动驱动力减去植被阻力计算出的床层剪应力对实测的河床输沙率的预测效果很差。而用考虑河床形态阻力的爱因斯坦划分法估算颗粒剪应力，则具有较好的预测效果。在此基础上，建立考虑力叠加的颗粒剪应力计算公式，并利用边界层模型建立在考虑总剪应力，且植被遮挡系数不变的情况下，颗粒剪应力与总剪应力之间的简单关系，结果表明，在总剪应力不变的情况下，随着植被遮挡系数的增大，床质剪切速率减小。与文献模型相比，本章提出的基于颗粒剪应力的模型具有更好的预测精度，加强了对植被流中泥沙输移的理解。

7.1 推移质输沙理论

对于在植被层上的稳定均匀流动，单位流体质量的力平衡可以表示为

$$(1-\lambda)\tau_t = (1-\lambda)\tau_b + \tau_v \tag{7.1.1}$$

其中，τ_t（$=\rho g h J$，ρ、h、g 和 J 分别表示流体密度、流动深度、重力加速度和能量坡度）为总剪应力，τ_b 为床层剪应力，λ 为冠层内固体体积分数，τ_v 为植被阻力，可表示为（Huai et al.，2009b）

$$\tau_v = 0.5\rho C_d a h U^2 \tag{7.1.2}$$

式中：a 为植被密度，表示单位体积的预计植物面积；$U = Q/[Bh(1-\lambda)]$，B 和 Q 分别表示通道宽度和流量；C_d 为植被阻力系数，可估计为（Liu et al.，2020）

$$C_d = \frac{189}{Re_d} + 0.82 + 6.02\lambda + \left(\frac{d}{l_y}\right)^2 \tag{7.1.3}$$

其中，植被雷诺数为 $Re_d = Ud/\nu$，d 为植被直径，ν 为水的运动黏度，l_y 为同一流向相邻植被之间的横向距离。结合式（7.1.1）~式（7.1.3），植被河道床层剪应力可以表示为

$$\tau_b = \rho ghJ - \frac{0.5}{1-\lambda}\rho C_d ahU^2 \tag{7.1.4}$$

为估算床载输移能力，一般采用裸床的两个无量纲参数，其表达式为

$$\theta = \tau / [(\rho_s - \rho)gd_s] \tag{7.1.5}$$

$$\Phi = q_b / \sqrt{\Delta gd_s^3} \tag{7.1.6}$$

其中，τ 为裸床的床层剪应力，ρ_s 为沉积物密度，d_s 为中值粒度，q_b 为床载输沙率，$\Delta = \rho_s / \rho - 1$。在裸床条件下，有许多基于这两个参数的床载输移公式。本节将采用 Cheng（2002）通过分析大量实验数据提出的简单经验公式，为

$$\Phi = 13\theta^{1.5}\exp(-0.05\theta^{-1.5}) \tag{7.1.7}$$

7.2　实　验

7.2.1　实验设置

实验采用武汉大学水力学实验室的数字坡度调节水槽系统（WIM Castle-LSF）进行。该系统可记录和调节放电速率，精度可达 0.01 L/s。水槽长 30 m，宽 1 m，深 0.7 m，侧壁和底部为玻璃。水深用测点规测量，测量精度为 0.1 mm，数据也记录在计算机上。在水槽的末端附近有一个漏斗形状的沉淀物捕集器。沉淀物捕集器的底部有一个管和一个阀门，用来收集沙粒，如图 7.2.1（a）所示。沉积圈闭端向上铺设了长 8 m、厚 7 cm 的石英砂。沙层上游的开发长度为 19 m。两种石英砂（$d_s = 0.62$ mm，$\rho_s = 2.83$ kg/m³；$d_s = 1.45$ mm，$\rho_s = 2.87$ kg/m³）粒径分布均匀（泥沙粒径的几何标准差小于 1.2）。模型植被由圆柱形木棒模拟，覆盖 8 m 长的沙层。木棒均匀交错，茎径 $D = 0.5$ cm，相邻植被茎距 $S = 6 \sim 10$ cm。两个测针以 4 m 的距离布置在植被区中段，此处水面平整笔直。为了保证水槽的坡度在实验中准确反映河床的坡度，每次实验前都要将沙层表面压平。为了使沙层表面平整到均匀的高度，覆盖沙层的植被需要容易拆卸。因此，先将木棒按照布局垂直插入有机玻璃板中，再用有机玻璃板将木棒的另一端整体垂直插入沙层中。在之前的研究中采用了类似的方法（Wu et al.，2021）。

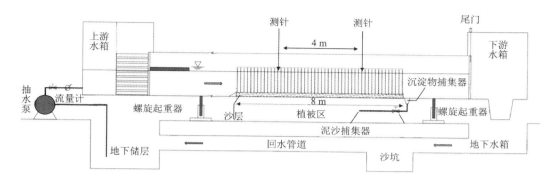

（a）带有泥沙捕集器和植被模型的坡度可调水槽示意图（从左向右流动，
沉淀物通过带网袋的沉淀物捕集器末端的管子收集）

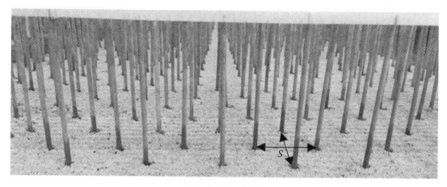

（b）实验植被布局

图 7.2.1　数字坡度调节水槽系统

7.2.2　传输速率测量

在所有实验中，通过调节流量和尾门，水深保持在 10 cm。通过设置不同的坡度，可以测量不同水力条件下的输沙率。测量低输沙率将需要大量的时间，因为在这些条件下，河床坡度通过冲刷和沉积缓慢变化。因此，采用 Wu 等（2021）的实验方法，快速达到平衡状态。在每次实验开始时，通过粗略估计水力参数初步确定目标坡度，然后通过调整河床坡度和水槽尾门进行迭代微调，得到均匀的流动条件。

经过足够长的时间，水流和河床形态逐渐发展并趋于稳定后，确保中间植被区两个测针测得的水深差小于 1 mm，实现均匀流动，认为此时达到泥沙输移平衡状态。对于每种泥沙粒径和植被密度，达到输沙平衡状态所需的最大时间 t_{max} 由坡度最小的情况决定（相应输沙率最小）。也就是说，不断地测量输沙率，直到测量的输沙率在一个恒定值附近波动，这个过程所使用的总时间为 t_{max}。因此，当植被密度和泥沙粒径相同时，在坡度较大的情况下，经过 t_{max} 足以达到平衡状态。沉淀物捕集器中的沙子通过带网袋的管子收集。每次收集的时间取决于泥沙输移强度。记录每次有效实验达到平衡状态后的

总测量时间 T_b 和测量采样次数的标准差 N_b。输沙率越大，测量时间越短，实验中对应实验条件的测量时间为 5～60 min。最后，通过测量沙的干重并取其平均值来计算床载输沙率 q_b，其表示单位宽度、单位时间输移的泥沙体积。实验数据和条件见表 7.2.1。

表 7.2.1 实验数据和条件

工况	d_s/m	λ	J	q_b/(m²/s)	U/(m/s)	σ/(m²/s)	T_b/min (N_b)
1	0.000 62	0.003 9	0.004	1.82×10^{-8}	0.249 0	3.32×10^{-9}	150（5）
2	0.000 62	0.003 9	0.005	1.38×10^{-7}	0.279 3	1.99×10^{-8}	95（4）
3	0.000 62	0.003 9	0.005 5	1.73×10^{-7}	0.287 0	3.61×10^{-8}	75（6）
4	0.000 62	0.003 9	0.006	1.13×10^{-6}	0.301 4	1.33×10^{-7}	30（6）
5	0.000 62	0.006 1	0.006	2.60×10^{-7}	0.244 4	4.88×10^{-8}	140（7）
6	0.000 62	0.006 1	0.007	6.03×10^{-7}	0.262 4	4.37×10^{-8}	40（4）
7	0.000 62	0.006 1	0.008	8.09×10^{-7}	0.272 3	5.49×10^{-8}	25（5）
8	0.000 62	0.010 9	0.008	5.28×10^{-8}	0.225 3	4.06×10^{-9}	195（4）
9	0.000 62	0.010 9	0.009	1.15×10^{-7}	0.237 0	7.41×10^{-9}	90（3）
10	0.000 62	0.010 9	0.01	7.82×10^{-7}	0.249 2	4.81×10^{-8}	30（5）
11	0.001 45	0.003 9	0.007	4.59×10^{-8}	0.337 5	4.46×10^{-9}	120（4）
12	0.001 45	0.003 9	0.011	2.63×10^{-6}	0.438 8	2.02×10^{-8}	110（4）
13	0.001 45	0.003 9	0.008	2.92×10^{-7}	0.363 4	8.22×10^{-7}	20（4）
14	0.001 45	0.006 1	0.01	6.78×10^{-8}	0.312 4	1.51×10^{-9}	95（3）
15	0.001 45	0.006 1	0.011	6.66×10^{-7}	0.335 8	2.16×10^{-8}	10（2）

注：σ、T_b 和 N_b 为实测床载输移率、达到平衡状态后的总测量时间和测量采样次数的标准差。

在植被的上游端，泥沙侵蚀会更加强烈，但本章的植被面积足够大，可以保证入口侵蚀不会影响植被区末端的输沙率测量，且每次实验持续时间较短，不会使河床坡度发生较大变化。因此，当河床形态趋于稳定时，可以认为植被区末端的输沙处于准平衡状态（Wu et al.，2021）。本实验上游没有补沙，当水流强度较大时，植被区上游端可能会先发生较大的冲刷，使河床坡度发生明显变化，从而影响平衡状态和输沙率的测量。因此，控制测量时间，用两个测针连续记录水面坡度，以保证河床坡度不发生明显变化。

7.3 分析与讨论

7.3.1 数据结果

为了比较实验中两种粒径泥沙的床载输移率与水力条件之间的关系，将无量纲床载输移率绘制为图 7.3.1 中能量坡度的函数。实心标记表示较细的颗粒尺寸，空心标记表示较粗的颗粒尺寸，一个形状的符号表示相同的固体体积分数。如图 7.3.1 所示，在泥沙粒径和固体体积分数相同的情况下，无量纲床载输移率随能量坡度的增大而增大。而在相同的颗粒尺寸和能量坡度下，随着固体体积分数的增加，无量纲床载输移率降低。从 Wu 等（2021）测量的实验数据中也可以看到类似的模式。因此，有植被明渠的床载输移率不仅受能量坡度的影响，还受固体体积分数的影响（Yager and Schmeeckle，2013）。利用包含这些影响因素的床层剪应力模型[式（7.1.3）～式（7.1.7）]，可以预测有植被明渠的河床输沙能力。对测量到的无量纲床载输移率 Φ 与图 7.3.2 中植被流中计算的无量纲河床切应力 θ 及 Wu 等（2021）在弱输运条件下的数据集进行对比。注意，对于植被通道，式（7.1.5）中的 τ 被式（7.1.3）和式（7.1.4）计算出的 τ_b 所取代。本书的数据集用圆点绘制，Wu 等（2021）的数据集用方格点绘制。红色实线表示 Cheng（2002）提出的床质运移模型[式（7.1.7）]，黑色虚线表示 MPM 公式 $\Phi = 8(\theta - 0.047)^{1.5}$。可以看出，式（7.1.7）非常接近 MPM 公式，不依赖于临界床层剪应力，这将有利于植被流输沙率的预测。

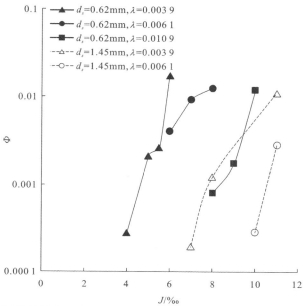

图 7.3.1 不同能量坡度、中值粒度和冠层内固体体积分数下的无量纲床载输移率

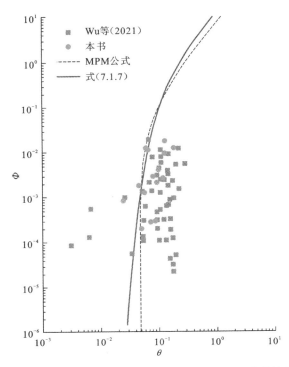

（扫一扫 看彩图）

图 7.3.2　由床层剪应力模型（基于 τ_b 的模型）计算的和测量的无量纲床载输移率与无量纲河床切应力

黑色虚线和红色实线分别代表 MPM 公式和 Cheng（2002）公式［式（7.1.7）］对输沙率的预测

如图 7.3.2 所示，床层剪应力模型［式（7.1.3）～式（7.1.7），以 τ_b 为基础的模型］对泥沙输移的预测效果较差，只有少数数据点接近式（7.1.7）的曲线。该模型对大部分数据点的预测值明显偏高，同时有少数数据点被低估。估计值较小可能是由于式（7.1.2）中的植被阻力系数 C_d 被高估了。通常，在植被流中不考虑泥沙输移，植被阻力占主导地位，床层剪应力较小，可以忽略不计。而当河床底部有泥沙输移时，情况则大不相同，河床分担的阻力可达植被阻力的 70%～90%，不可忽视（Wang et al.，2014；Kothyari et al.，2009）。因此，用式（7.1.2）和式（7.1.3）计算的植被阻力会被高估，导致计算的床层剪应力 τ_b 更小，从而使输沙率被低估。尽管如此，大多数实验预测的输沙率仍然大于测量值，预计这与河床形态阻力有关。在实验中，观察到植被河道的泥沙运动现象是独特的，不同于裸床的泥沙运动现象。茎秆周围的泥沙颗粒先移动形成冲刷坑，后形成沙脊，随着水流强度的增加，茎秆其他部位（远离茎秆）的泥沙颗粒开始移动。冲刷坑达到平衡状态后，植被带外发生净输沙。在其他实验中也观察到了同样的现象（Wu et al.，2021；Wang et al.，2014；Tang et al.，2013；Watanabe et al.，2002）。因此，即使发生了较弱的地层荷载运移，也会产生冲刷坑和沙脊。冲刷坑和沙脊产生的形态阻力是床层剪应力的一部分，但并不引起泥沙的输移。只有作用在泥沙颗粒上的力（称为颗粒剪应力或表面摩擦力）会导致泥沙输移（Le Bouteiller and Venditti，2015；Wang et al.，2014）。因此，式（7.1.3）和式（7.1.4）计算的床层剪应力可能大于颗粒剪应力，导致对输沙率的估计过高。因此，认为如果在植被流动中获得了适当的颗粒剪应力，那么为裸床建立的式（7.1.7）可以很好地预测床质输沙率。下面将尝试使用颗粒剪应力模型来预测植被通道的输沙能力。

7.3.2　颗粒剪应力模型

1. 爱因斯坦划分法

在上述分析的基础上，要准确预测植被河床的输沙量，就必须精确计算作用在泥沙颗粒上的颗粒剪应力。本节采用 Einstein 和 Barbarossa（1952）提出的分配方法计算颗粒剪应力，然后根据床载输移公式[式（7.1.7）]预测输沙能力。Le Bouteiller 和 Venditti（2015）探讨了各种剪应力分配方法对植被环境下泥沙输沙和形态动力学的预测结果。他们将颗粒剪应力占总剪应力的比例定义为参数 α，即 $\alpha = \tau_g / \tau_t$。通过将不同方法估算的 α 与实验数据进行比较，最终发现爱因斯坦划分法能较好、合理地预测颗粒剪应力。注意，植被阻力也可以被视为植被流中的形态阻力。因此，在有植被的水流中，爱因斯坦划分法表示为（Le Bouteiller and Venditti，2015；Einstein and Barbarossa，1952）

$$\tau_g = \rho g h_s J = \rho C_{fs} U^2 \tag{7.3.1}$$

其中，h_s 为平衡水深，在相同流速 U 但无植被的情况下可以获得，C_{fs} 为颗粒剪应力系数，可表示为

$$C_{fs} = \left[\frac{1}{\kappa} \ln\left(\frac{11 h_s}{k_s} \right) \right]^{-2} \tag{7.3.2}$$

其中，κ 为卡门常数，k_s 为颗粒粗糙度，设 $k_s = 2.5 d_s$（Le Bouteiller and Venditti，2015；Chien and Wan，1999）。结合式（7.3.1）和式（7.3.2），可迭代求解 τ_g。然后，用计算得到的 τ_g 替换式（7.1.5）中的 τ，得到无量纲颗粒剪应力参数 θ_g：

$$\theta_g = \frac{\tau_g}{(\rho_s - \rho) g d_s} \tag{7.3.3}$$

根据式（7.3.3）和式（7.1.7）（称为基于 τ_g 的模型）可以预测床载输移率。利用测量到的无量纲床载输移率 Φ 与图 7.3.3（a）中的无量纲颗粒剪应力 θ_g 绘制曲线，并与文献中的实验数据集进行对比（Wu et al.，2021；Armanini and Cavedon，2019；Yager and Schmeeckle，2013；Kothyari et al.，2009；Jordanova and James，2003）。实验数据和文献收集的数据共 170 个，包括从低到高的床载输移率，如表 7.3.1 所示。所有实验均采用均匀非黏性泥沙和均匀分布的刚性挺水植被。植被固体体积分数、茎径、中值粒度和无量纲床载输移率的范围分别为 $\lambda = 0.17\% \sim 4.36\%$，$D = 2 \sim 13$ mm，$d_s = 0.45 \sim 5.9$ mm，$\Phi = 0.000\ 022 \sim 67.124$。

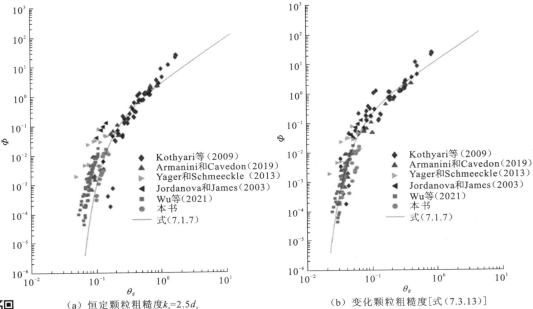

(a) 恒定颗粒粗糙度$k_s=2.5d_s$　　　　　　　　(b) 变化颗粒粗糙度[式 (7.3.13)]

图 7.3.3　测量的无量纲床载输移率与无量纲颗粒剪应力的比较（由爱因斯坦划分法计算）

红色实线表示式 (7.1.7)

（扫一扫 看彩图）

表 7.3.1　植被流中泥沙输移的实验数据集摘要

文献来源	d_s/mm	D/mm	λ/%	Φ
Kothyari 等（2009）	0.55～5.9	2～5	0.17～1.2	0.000 11～67.124
Armanini 和 Cavedon（2019）	0.5～0.55	10	0.39～1.57	0.000 48～4.455 5
Jordanova 和 James（2003）	0.45	5	3.14	0.049 1～0.180 8
Yager 和 Schmeeckle（2013）	0.5	13	0.63～3.14	0.001 6～0.104 5
Wu 等（2021）	0.93	7.8～10	0.66～4.36	0.000 022～0.019 4
本书	0.62～1.45	5	0.39～1.09	0.000 194～0.017 3

　　如图 7.3.3（a）所示，红色实线表示 Cheng（2002）的床载输移公式[式（7.1.7）]，用爱因斯坦划分法计算的颗粒剪应力对大多数实验数据的输沙率有很好的预测作用，特别是对于 Wu 等（2021）和本书实验所代表的弱床上的床载输移率。与图 7.3.2 比较发现，数据点的分布比基于 τ_b 的模型更集中、更有规律，表明基于 τ_g 的模型对有植被明渠输沙率的预测效果更好，河床阻力应引起重视。

2. 显式表达式

　　基于 τ_g 的模型对准确获取植被流动中的颗粒剪应力至关重要。上面提到的爱因斯坦划分法需要迭代求解，比较麻烦；此外，该方法没有直接约束颗粒剪应力与植被特征之间的关系。因此，本书试图提出一个包含植被影响因子的显式表达式来估算有植被存在时的颗粒剪应力。

根据力的叠加原理（Einstein and Banks，1950），床层剪应力可分解为

$$\tau_b = \tau_{bf} + \tau_g \tag{7.3.4}$$

式中：τ_{bf} 为沙波阻力。

因此，式（7.1.1）可以改写为

$$\tau_t = \tau_b - \tau_g + \tau_g + \frac{\tau_v}{1-\lambda} \tag{7.3.5}$$

考虑 $\alpha = \tau_g / \tau_t$，式（7.3.5）可以进一步表示为

$$\frac{1}{\alpha} = \frac{\tau_b}{\tau_g} + \frac{\tau_v}{\tau_g(1-\lambda)} \tag{7.3.6}$$

泥沙颗粒的颗粒剪应力 $\tau_g = \rho u_*^2$，其中 u_* 为摩擦速度，床层剪应力 $\tau_b = \rho c_{fv} U^2$，c_{fv} 为植被河道河床阻力系数，可得

$$\frac{1}{\alpha} = c_{fv}\left(\frac{U^2}{u_*^2}\right) + \frac{0.5 C_d ah}{1-\lambda}\left(\frac{U^2}{u_*^2}\right) \tag{7.3.7}$$

Lu 等（2021）通过分析植被流中泥沙颗粒引起的特征涡尺度，得到如下关系：

$$\frac{U^2}{u_*^2} \sim C_d^{-\frac{2}{3}}\left(\frac{d_s}{d}\frac{\lambda}{1-\lambda}\right)^{-\frac{1}{3}} \tag{7.3.8}$$

其中，"∼"表示比例关系。假设该比例关系为基本线性，代入式（7.3.7），可得

$$\frac{1}{\alpha} = k c_{fv} C_d^{-\frac{2}{3}}\left(\frac{d_s}{d}\frac{\lambda}{1-\lambda}\right)^{-\frac{1}{3}} + \frac{0.5 kah}{1-\lambda} C_d^{\frac{1}{3}}\left(\frac{d_s}{d}\frac{\lambda}{1-\lambda}\right)^{-\frac{1}{3}} \tag{7.3.9}$$

其中，k 是一个无量纲常数。考虑到含沙植被河道河床阻力系数 c_{fv} 复杂且不太清楚，本节采用裸床河床阻力系数 c_f（修正因子为 β）粗略估计 c_{fv}。对于理想圆柱体组成的植被，$ah = 4\lambda h / (\pi d)$，式（7.3.9）可进一步简化为

$$\frac{1}{\alpha} = k\beta c_f C_d^{-\frac{2}{3}}\left(\frac{d_s}{d}\frac{\lambda}{1-\lambda}\right)^{-\frac{1}{3}} + \frac{2k}{\pi}\frac{h}{d} C_d^{\frac{1}{3}}\left(\frac{d_s}{d}\right)^{-\frac{1}{3}}\left(\frac{\lambda}{1-\lambda}\right)^{\frac{2}{3}} \tag{7.3.10}$$

其中，c_f 可以使用以下公式计算（Yang and Nepf，2019）：

$$c_f = \left[5.75\lg\left(\frac{2h}{d_s}\right)\right]^{-2} \tag{7.3.11}$$

因此，植被流动中的颗粒剪应力可以表示为

$$\tau_g = \frac{\tau_t}{k\beta c_f C_d^{-\frac{2}{3}}\left(\frac{d_s}{d}\frac{\lambda}{1-\lambda}\right)^{-\frac{1}{3}} + \frac{2k}{\pi}\frac{h}{d} C_d^{\frac{1}{3}}\left(\frac{d_s}{d}\right)^{-\frac{1}{3}}\left(\frac{\lambda}{1-\lambda}\right)^{\frac{2}{3}}} \tag{7.3.12}$$

由于植被河道中作用在泥沙颗粒上的颗粒剪应力难以直接测量，故用输沙率实验数据确定式（7.3.12）中的系数。将式（7.1.7）、式（7.3.3）、式（7.3.12）与收集到的

实验数据进行拟合，得到 $k = 7.7$，$\beta = 3.7$。如图 7.3.4 所示，床载输移率预测结果与实验数据在很大程度上吻合较好，与其他床载输移率预测模型的比较将在后面讨论。

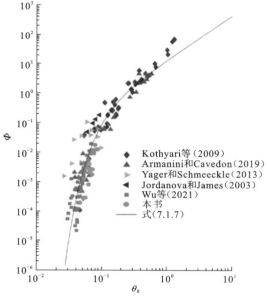

（扫一扫 看彩图）

图 7.3.4　测量的无量纲床载输移率与无量纲颗粒剪应力的比较［由式（7.3.12）计算］

红色实线表示式（7.1.7）

7.3.3　爱因斯坦优化方法

$$k_s = \begin{cases} d_s, & \dfrac{D}{d_s} < 1 \\[2mm] 2.5d_s, & 1 \leqslant \dfrac{D}{d_s} \leqslant 5 \\[2mm] 6d_s, & \dfrac{D}{d_s} > 5 \end{cases} \qquad (7.3.13)$$

在图 7.3.3（b）中，将 k_s 具有上述变化的爱因斯坦划分法（称为爱因斯坦优化方法）计算的无量纲颗粒剪应力 θ_g 与无量纲床载输移率 Φ 进行对比。对比图 7.3.3（a）和（b）可以很容易地得出结论：改变 k_s 可以得到更好的预测结果。

7.3.4　颗粒剪应力的显式表达式

利用式（7.3.12）的推导过程，通过 c_f、β 和标度关系将式（7.3.6）的等号右侧第一项 w 表示出来，并将式（7.3.12）的预测结果与实验数据进行比较，确定系数。实际上，w 是带输沙植被的水流中床层剪应力与颗粒剪应力的比值。虽然上面对 w 的处理略显松散和粗糙，但没有办法直接确定它。需要强调的是，7.3.2 小节推导了含移动沙床的植被河道的颗粒剪应力计算公式[式（7.3.12）]。自然河流中河床输沙一般容易满足这些条件。但也有在固定河床水槽中，仅在河床上粘一层沙的实验，其也用来探究有植被存在时的流动结构或植被阻力。在此条件下，由于没有河床的植被阻力，式（7.3.6）等号右侧第一项等于 1，即 $w=1$，通过上述程序确定的等号右侧第二项是有效的。然后，利用推导出的 α 来计算植被流动中的床层剪应力，即 $\tau_b = \tau_g = \tau_t \cdot \alpha$。因此，该条件下的床层剪应力 τ_b 可由先前确定的系数 $k=7.7$ 得到：

$$\tau_b = \frac{\tau_t}{1 + \dfrac{2k}{\pi}\dfrac{h}{d}C_d^{\frac{1}{3}}\left(\dfrac{d_s}{d}\right)^{-\frac{1}{3}}\left(\dfrac{\lambda}{1-\lambda}\right)^{\frac{2}{3}}} \tag{7.3.14}$$

　　为了探究植被流动中的床层剪应力，Ishikawa 等（2003）设计了一种巧妙的实验装置，分别测量了施加在河床和植被上的阻力。本节采用 Ishikawa 等（2003）的植被河道床层剪应力实测实验数据对式（7.3.14）进行验证。由式（7.3.14）计算的床层剪应力与实测值的比较如图 7.3.5 所示。由图 7.3.5 可知，式（7.3.14）预测的床层剪应力 τ_b 与实测值吻合较好，决定系数 $R^2=0.97$。这种良好的一致性支持了式（7.3.14）在预测无河床植被河道床层剪应力方面的有效性。这一结果进一步说明了推导式[式（7.3.12）]和先前确定的系数的合理性。

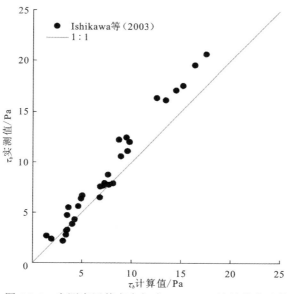

图 7.3.5　实测床层剪应力与式（7.3.14）计算值的比较

7.3.5　测量的床层剪应力与基于边界层厚度的划分法

Einstein 和 Barbarossa（1952）指出，沙波阻力系数与泥沙输移强度有关，泥沙输移强度与水流强度有关。因此，他们通过对测量结果的分析，提出了沙波阻力系数与水流强度之间的经验关系，并通过试算得到了颗粒剪应力。Engelund 和 Fredsoe（1982）探索了沙丘覆盖的河床上的水流。他们发现水流在河床上形成了边界层，边界层内速度梯度非常大，但边界层外的速度分布非常均匀，因此他们认为边界层内的流动不与外层交换能量，故边界层内的能量坡度与总能量坡度相同。因此，颗粒剪应力可以表示为

$$\tau_g = \rho g h_b J \tag{7.3.15}$$

对于裸层，h_b 为边界层厚度。基于相似假设，Engelund 和 Fredsoe（1982）推测总流动驱动力 $\left(\theta_t = \dfrac{\tau_t / \rho}{\Delta g d}\right)$ 应该是无量纲颗粒剪应力 θ_g 的函数。结合水槽实验数据，得到了不同床层构型下总流动驱动力 θ_t 与无量纲颗粒剪应力 θ_g 之间的经验公式。因此，无量纲颗粒剪应力 θ_g 可以直接用总流动驱动力计算，θ_t 无须试算。因此，本节试图通过引入植被流动边界层的厚度来探讨总流动驱动力与颗粒剪应力之间的关系。Jeon 等（2014）提出了一个计算有挺水植被的固定河床上流动边界层厚度的经验公式，提出了用河床参数计算颗粒剪应力的方法。该经验公式可以表示为

$$\frac{h_b}{h} = \frac{c}{c + ah} \tag{7.3.16}$$

其中，a 为植被密度，表示单位体积预测的植物面积，h_b 为边界层厚度，c 为系数，与实验数据比较后确定为 0.008。此外，这一边界层厚度估计被成功用于预测植被流中泥沙的初始流速（Wang et al.，2022）。因此，结合式（7.3.15）、式（7.3.16）可得

$$\alpha = \frac{\tau_g}{\tau_t} = \frac{c}{c + ah} \tag{7.3.17}$$

收集到的实验数据集如表 7.3.1 所示，用于验证式（7.3.17）。用式（7.3.17）计算的颗粒剪应力占总剪应力的比例 α 与无量纲植被因子 ah 作图。变量 α 和 ah 具有很好的相关性，α 随 ah 的增大而减小，其趋势与式（7.3.17）相同，但式（7.3.17）（$c=0.008$）系统低估了 α。因此，固定沙床条件下确定的系数 $c=0.008$ 可能不适用于可移动沙床条件。如图 7.3.6 所示，当 c 从 0.008 变化到 0.04 时，式（7.3.17）涵盖了所有的实验数据。为了最好地拟合实验数据，得到 $c=0.022$（见黑色实线），决定系数 $R^2=0.78$。这意味着式（7.3.17）在合适的系数下可以很好地预测 α，建立了颗粒剪应力 τ_g 与总剪应力 τ_t 之间的关系，使 τ_g 可以直接通过 τ_t 与无量纲植被因子 ah 计算，从而结合式（7.1.7）和式（7.3.3）来预测河床输沙能力。因此，如式（7.3.17）所示，在总流动驱动力相同的情况下，随着无量纲植被因子 ah 的增大，颗粒剪应力单调减小，床质输沙率单调减小。基于 $c=0.022$ 的式（7.1.7）、式（7.3.3）和式（7.3.17）（称为边界层模型）的床载输移率预测误差如表 7.3.2 所示。

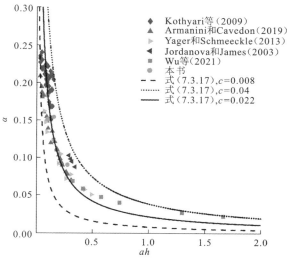

（扫一扫 看彩图）

图 7.3.6 颗粒剪应力与总剪应力的比例 α 与无量纲植被因子 ah 的比较

表 7.3.2 不同输沙模型的预测误差总结

模型	RMSD	MRE
Armanini 和 Cavedon（2019）	1.17	1.01
Lu 等（2021）	0.76	12.34
Yang 和 Nepf（2018）	2.66	1.48
Zhao 和 Nepf（2021）	0.86	17.73
爱因斯坦划分法	1.45	2.88
显式表达式	0.62	1.32
爱因斯坦优化方法	0.56	1.43
边界层模型	1.46	1.49

注：RMSD 为均方根偏差；MRE 为平均相对误差。

7.3.6 不同模型的比较

如上所述，床层剪应力不能直接用于预测植被流中的床质荷载运移，因为它包含了河床形态阻力，之前的研究也出现了相同的结果（Zhao and Nepf，2021；Yang and Nepf，2018）。为了预测泥沙输移，必须获得颗粒剪应力。采用四种方法估算了颗粒剪应力，分别是爱因斯坦划分法、基于动量方程推导的显式表达式、根据 D/d_s 优化颗粒粗糙度高度和 k_s 的爱因斯坦优化方法、边界层模型。图 7.3.7 中选取了两个泥沙输移率预测较好的区域进行比较。图 7.3.7（a）和（b）分别为爱因斯坦优化方法和显式表达式计算的基于颗粒剪应力的无量纲床载输移率预测值和实测值的对比。结合图 7.3.3（b）和图 7.3.4

可以发现,这两种方法对无量纲床载输移率的预测都很好,但都低估了 Kothyari 等(2009)的较高无量纲床载输移率（$\Phi > 10$）数据。这可能是因为 Kothyari 等（2009）的实验是在清洁的水流情况下进行的，在上游冲洗过程中没有泥沙补充。当输沙率较大时，河床会产生较大的冲刷变形，远远超出输沙平衡状态，为平衡状态所建立的颗粒剪应力模型和床载输移公式[式（7.1.7）]将失效。

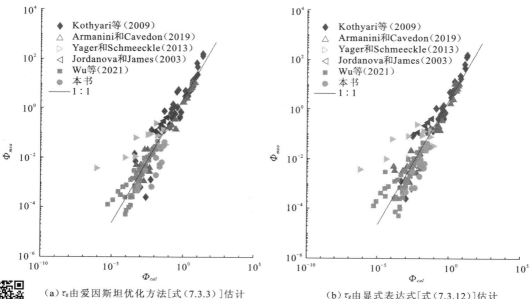

（a）τ_g 由爱因斯坦优化方法[式（7.3.3）]估计　　（b）τ_g 由显式表达式[式（7.3.12）]估计

图 7.3.7　测量的无量纲床载输移率 Φ_{mea} 与由以 τ_g 为基础的
模型计算的无量纲床载输移率 Φ_{cal} 的比较

（扫一扫 看彩图）

为了进一步评估本节提出的模型，将该模型的预测能力与之前研究中的其他模型进行比较（Lu et al.，2021；Zhao and Nepf，2021；Armanini and Cavedon，2019；Yang and Nepf，2019），这也被用来预测有挺水植被的床载输移能力。对测量的无量纲床载输移率 Φ_{mea} 与图 7.3.7 中使用上述编译数据集的不同方法计算的无量纲床载输移率 Φ_{cal} 进行对比。不同作者提出的带植被的河床输沙能力估算模型如下。

（1）Armanini 和 Cavedon（2019）：

$$\Phi_{AC} = \frac{1}{1-5\lambda} \frac{70}{\Psi(1+4\Psi)}(1+0.45\Psi)\exp(-0.45\Psi) \tag{7.3.18}$$

其中，

$$\Psi = \frac{\Delta d_s}{hJ}(1-1.5d_*^{-0.75})^{-1}\left(1+40\lambda\frac{h}{d}\right) \tag{7.3.19}$$

d_* 为无量纲粒子直径，$d_* = d_s(\Delta g / \nu^2)^{1/3}$，$\nu$ 为水的运动黏度。

（2）Lu 等（2021）：

$$\Phi_L = 13\theta_L^{1.5}\exp(-0.05\theta_L^{-1.5}) \tag{7.3.20}$$

其中，

$$\theta_{L} = \frac{0.14U^2 C_d^{2/3}}{\Delta g d_s}\left(\frac{d_s}{d}\frac{\lambda}{1-\lambda}\right)^{1/3} \tag{7.3.21}$$

植被阻力系数的计算公式如下：

$$C_d = \frac{50}{Re_d^{0.43}} + 0.7\left[1-\exp\left(-\frac{Re_d}{15\,000}\right)\right] \tag{7.3.22}$$

（3）Yang 和 Nepf（2019）：

$$\Phi_{YN} = \begin{cases} 2.15\exp(-2.06/k_{t*}), & k_{t*} \leqslant 0.95 \\ 0.27k_{t*}^3, & 0.95 < k_{t*} < 2.74 \end{cases} \tag{7.3.23}$$

其中，$k_{t*} = k_t/(\Delta g d_s)$，且

$$k_t = \frac{c_f}{0.19\rho} + \delta_{kt}\left[C_d\frac{\lambda}{(1-\lambda)\pi/2}\right]^{2/3}U^2 \tag{7.3.24}$$

δ_{kt} 为标度常数，取 0.4，则 C_d 由式（7.3.25）估计：

$$C_d = \zeta^2\left[1+10\left(\frac{\zeta U d}{\nu}\right)^{-2/3}\right] \tag{7.3.25}$$

其中，$\zeta = (1-\lambda)/(1-\sqrt{2\lambda/\pi})$。

（4）Zhao 和 Nepf（2021）：

$$\Phi_{ZN} = 0.66(k_{t*} - k_{t*,cr})^{1.5} \tag{7.3.26}$$

其中，k_{t*} 与 Yang 和 Nepf（2019）中相同，但注意 δ_{kt} 不同，确定为 0.52，$k_{t*,cr}$ 代表临界湍流动能，在他们的研究中，$k_{t*,cr} = 0.16$ 的结果最好。

图 7.3.7 和图 7.3.8 表明，本书新提出的模型（基于 τ_g 的模型）给从低到高无量纲床载输移率的大多数数据集提供了更好的预测。对于中等无量纲床载输移率（10>Φ>0.1），所有模型都能提供良好的结果。Armanini 和 Cavedon（2019）及 Yang 和 Nepf（2019）的模型对高无量纲床载输移率提供了更好的结果（Φ>10）。然而，对于低无量纲床载输移率（Φ<0.1），图 7.3.8 所示的 4 个模型的预测结果均较差，其中 Armanini 和 Cavedon（2019）模型、Yang 和 Nepf（2019）模型的预测结果明显较低。为了定量比较这些模型，将均方根偏差（RMSD）和平均相对误差（MRE）作为误差标准，其中 RMSD 为主要评价标准。这里，两个参数表示为

$$\text{RMSD} = \sqrt{\frac{1}{m}\sum_{j=1}^{m}[\lg(\Phi_{mea,j}) - \lg(\Phi_{cal,j})]^2} \tag{7.3.27}$$

$$\text{MRE} = \frac{1}{m}\sum_{j=1}^{m}|(\Phi_{mea,j} - \Phi_{cal,j})/\Phi_{mea,j}| \tag{7.3.28}$$

式中：m 为测量的总次数；$\Phi_{mea,j}$ 和 $\Phi_{cal,j}$ 分别为无量纲床载输移率的实测值和计算值。对于表 7.3.1 汇总的所有数据集，不同模型的预测误差如表 7.3.2 所示。注意，Zhao 和 Nepf（2021）的模型不包括湍流动能低于临界值的点。

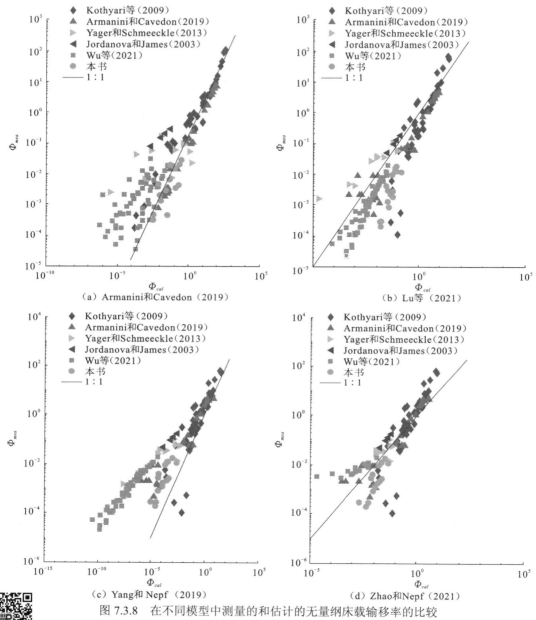

图 7.3.8　在不同模型中测量的和估计的无量纲床载输移率的比较

Zhao 和 Nepf（2021）的模型中未包括一些实验数据点，因为这些条件下的湍流动能低于临界值，

因此，该模型不能用于预测

（扫一扫 看彩图）

如表 7.3.2 所示，基于 τ_g 的模型，即爱因斯坦划分法、爱因斯坦优化方法、显式表达式和边界层模型都能较好地预测泥沙输移率，其中爱因斯坦优化方法和显式表达式在与其他模型比较 RMSD 测量值时预测精度最高。由于爱因斯坦优化方法需要迭代计算，在实际应用中建议使用显式表达式，该表达式也能提供准确的预测，RMSD=0.62，MRE=1.32。

7.4　本 章 小 结

本章通过实验研究了带有挺水植被的水流的低无量纲床载输移率（$\Phi < 0.1$）。基于 τ_b 的模型（床层剪应力由总流动驱动力减去植被阻力计算得到）对实测的低无量纲床载输移率的预测效果较差，而爱因斯坦划分法估算的颗粒剪应力与文献数据（基于 τ_g 的模型）对实测数据的预测效果较好。这说明在河床阻力的影响下，植物茎秆周围产生的河床阻力不可忽视，基于 τ_g 的模型能较好地预测植被流的床质输运能力。在动量方程的基础上推导出了方便求解颗粒剪应力的显式表达式[式（7.3.12）]，通过拟合实验数据确定了系数，并成功应用于无河床植被的床层剪应力估算。此外，作者发现，边界层模型在适当的系数下可以估计出颗粒剪应力，该模型表明在总流动驱动力相同的情况下，床载输运能力会随着无量纲植被因子 ah 的增大而减小。最后，与文献模型相比，基于 τ_g 的模型能较好地预测实验数据的床载输移率。考虑实用性和准确性，提出了带有挺水植被的河床输沙能力的显式表达式[式（7.1.7）、式（7.3.3）、式（7.3.12）]。本章所涉及的所有床载输运实验均在稀疏挺水植被（$\lambda \leqslant 0.043\,6$）条件下进行，采用规则刚性圆柱体和均匀非黏性泥沙模拟。本书模型在上述条件之外的应用还需要进一步研究。

基于随机位移模型的
悬移质分布计算

基于拉格朗日方法，本章提出一个随机位移模型（random displacement model，RDM）来预测植被稳定的明渠水流中的 SSC。为模拟含沙明渠水流中植被引起的重要垂直扩散，本章引入了一个新的综合泥沙紊流扩散系数，该系数等于一个系数 β 乘以紊流扩散系数。因此，建立植被沙质流的 RDM，用于预测低含沙量水流中的 SSC，包括挺水植被和淹没植被。研究表明，淹没植被水流的 β 大于挺水植被水流的 β。利用 RDM 得到的模拟结果与现有的实验数据吻合良好，表明所提出的泥沙扩散模型可以用于研究植被稳定的明渠水流中的含沙量。

8.1　RDM

RDM 是一种拉格朗日方法。RDM 不同于 Euler 方法，它通过跟踪含沙水流中的每个离散颗粒来研究颗粒（Ross and Sharples，2004；Visser，1997）。目前，RDM 被广泛用于研究污染物在明渠（Liu et al.，2018；Liang and Wu，2014；Salamon and Fernandez-Garcia，2006）和多孔介质中的扩散（Gray et al.，2016）。RDM 很好地代表了污染物的扩散过程，因此可以用来精确计算扩散系数。

本章将 RDM 应用于植被流中泥沙扩散的研究，为 SSC 的研究提供了一种新的方法。在明渠水流泥沙输移模拟中，泥沙由许多（以 n 表示）离散颗粒表示。然后通过统计方法得到植被流中 SSC 的分布。为了简化，本章考虑了二维问题，即垂直 z 和纵向 x，w 和 u 分别代表时间平均的垂直和纵向流速。在每个恒定的时间步长 Δt 中，这些粒子按照以下规则在区域中移动：粒子的位移（Δx 和 Δz）分解为两个分量，即平流项和概率扩散项（随机位移）。纵向位移主要取决于时间平均的纵向流速 u；而垂直位移取决于颗粒沉降速度（即时间平均的垂直流速 w）和紊流速度（w'）。用于模拟粒子位置的方程如下（Follett et al.，2016）：

$$x_{i+1} = x_i + u(z_i) \cdot \Delta t \tag{8.1.1}$$

$$z_{i+1} = z_i + \left[\frac{\mathrm{d}K_z}{\mathrm{d}z}(z_i) - w_i \right] \cdot \Delta t + R\sqrt{2K_z(z_i)\Delta t} \tag{8.1.2}$$

其中，下标 "i" 表示第 i 个粒子，R 为符合正态分布且平均值为 0、标准差为 1 的随机数，式（8.1.2）中等号右侧的最后一项表示紊流速度 $w' = R\sqrt{2K_z(z_i)/\Delta t}$。垂直传输包括一个与扩散系数的垂直变化 $\left(\dfrac{\mathrm{d}K_z}{\mathrm{d}z} \right)$ 相关的伪速度，它防止了由低扩散系数造成的颗粒的人为聚集（Wilson and Yee，2007；Boughton et al.，1987）。在根据式（8.1.1）和式（8.1.2）计算颗粒位置后，通过计算颗粒数量，可以获得特定位置和时间 t 处的泥沙浓度。图 8.1.1 所示的示意图阐明了 RDM 的物理概念。$u(z)$ 和 $K_z(z)$ 的表达式根据不同的水力条件而有所不同，将在 8.1.1 小节中讨论。

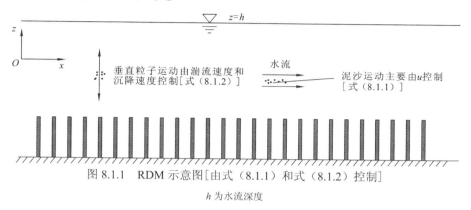

图 8.1.1　RDM 示意图［由式（8.1.1）和式（8.1.2）控制］

h 为水流深度

根据 Israelsson 等（2006）和 Follett 等（2016），模型时间步长 Δt 被限制在每个时间步长内的垂直粒子漂移区域，该区域比扩散系数和速度的垂直梯度范围小得多。这意味着，当时间步长过大时，使用上一时间步长的流速和扩散系数计算下一时间步长的颗粒位置会有很大偏差。速度和扩散系数在大约 $0.05h$ 的长度范围内变化。因此，确定时间步长的公式为

$$\Delta t < \min\left\{ \frac{0.05h}{\left|\dfrac{\mathrm{d}K_z}{\mathrm{d}z} - w\right|_{\max}}, \frac{(0.05h)^2}{(K_z)_{\max}} \right\} \tag{8.1.3}$$

假设不存在推移质，并在河道底部［式（8.1.4）］和水面［式（8.1.5）］施加反射边界条件：

$$z_i = -z_i, \quad z_i < 0 \tag{8.1.4}$$

$$z_i = 2h - z_i, \quad z_i > h \tag{8.1.5}$$

8.1.1　采用经典 Rouse 公式验证 RDM

为了验证 RDM 模拟含沙量的可靠性，首先通过与经典 Rouse 公式的比较验证了该模型。对于均匀明渠水流，清水流速通常为对数分布：

$$u(z) = \frac{u_*}{k} \ln\left(\frac{30.0z}{z_0} \right) \tag{8.1.6}$$

其中，清水流速中的卡门常数 $k = 0.40$，摩擦速度 $u_* = \sqrt{gsh}$（g 是重力加速度，s 是渠道坡度），z_0 是粗糙度高度。

Rouse 公式假设沉积物的扩散系数等于湍流扩散系数，即 $K_z = K_m$（Rouse，1937）。K_z 可以根据沉积物扩散方程估算：

$$K_z = ku_*z\frac{h-z}{h} \tag{8.1.7}$$

Rouse 公式可以表示为

$$\frac{S}{S_a} = \left(\frac{h-z}{z} \cdot \frac{a}{h-a} \right)^{\varphi} \qquad (8.1.8)$$

式中：a 为参考高度，通常取 $a = 0.05h$；S 为 SSC；S_a 为参考高度处的 SSC。悬浮指数 $\varphi = \dfrac{w}{ku_*}$ 反映重力和湍流扩散强度的相对大小。对于大 φ，重力效应很强，悬移质主要集中在离底部不远的地方，导致垂向平衡含沙量更加不均匀。对于小 φ，湍流扩散强度很强，更多的泥沙可以被带到远离河床的位置，从而导致更均匀的垂直平衡 SSC 剖面。在这项研究中，考虑 $\varphi = \dfrac{1}{32}, \dfrac{1}{16}, \dfrac{1}{8}, \dfrac{1}{4}, \dfrac{1}{2}, 1, 2$。相应的沉降速度可计算为 $w = \varphi k u_*$，粒子数 $n = 10^5$，时间步长 $\Delta t = 0.05\,\mathrm{s}$，满足式（8.1.3）的要求，$h = 0.34\,\mathrm{m}$，$z_0 = 0.01\,\mathrm{m}$ 和 $s = 0.02$。

即使在已知速度和湍流场的情况下，也需要大量计算资源来跟踪每个计算时间步长的粒子位置。因此，通过减少不必要的计算时间来优化计算时间是非常重要的。计算时间应满足输沙平衡状态。均方根误差（RMSE）用于确定是否在统计上满足模型的平衡。当达到统计平衡时，可以认为输沙达到平衡状态。

均方根误差（RMSE）表示为

$$\mathrm{RMSE} = \sqrt{\frac{\sum_{i=1}^{N}(C_i - R_i)^2}{N-1}} \qquad (8.1.9)$$

式中：N 为采样点的总数；C_i 为由 RDM 计算的含沙量；R_i 为由 Rouse 公式计算的相应位置的浓度。当 RMSE 趋于稳定时，可以认为泥沙输移已达到平衡状态。图 8.1.2 显示了 RMSE 随计算时间的变化。从图 8.1.2 可以看出，当 $t > 30\,\mathrm{s}$ 时，所有 φ 下模拟的泥沙输移达到平衡状态。本节的计算时间为 $100\,\mathrm{s}$，满足平衡状态的要求。

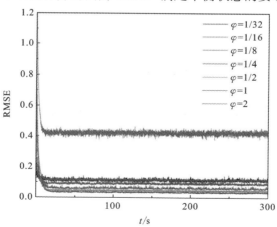

图 8.1.2　RMSE 随计算时间的变化

图 8.1.3 是使用 RDM 模拟的 SSC 与使用 Rouse 公式计算的 SSC 的比较。图 8.1.3 显示，总体而言，使用 RDM 计算的 SSC 与使用 Rouse 公式计算的 SSC 一致。对于大 φ（$\varphi = 2$），两种方法之间存在较大差异。粒子间的相互作用可以解释这种差异。

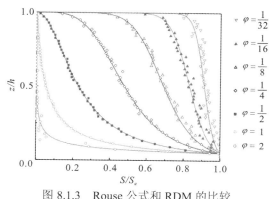

图 8.1.3　Rouse 公式和 RDM 的比较

实线表示 Rouse 公式的结果，符号表示 RDM 的结果

8.1.2　利用 Einstein 和 Chien（1955）数据验证 RDM

Rouse 公式是通过假设河床底部的含沙量是无限的，水面上的含沙量为零得到的，这是不正确的。因此，通过与 Einstein 和 Chien（1955）的实验数据进行比较，进一步验证了 RDM。这些实验数据均为二维、充分发展的稳定明渠流的数据。这些数据不仅用于验证现有模型，还用于进一步分析泥沙扩散。实验参数如表 8.1.1 所示。如 8.1.1 小节所述，含沙量对流速和湍流扩散系数有影响，这将改变含沙水流中的卡门常数。因此，模拟中使用了从各种实验条件（Einstein and Chien，1955）获得的卡门常数，见表 8.1.1。

表 8.1.1　Einstein 和 Chien（1955）实验中的水流和泥沙特征

工况编号	h/cm	d/(10^{-3} m)	u_*/（cm/s）	S_a（$0.10h$）/%	ρ_s/ρ_f	k
S11	13.3	0.274	10.61	0.40	2.65	0.380
S12	13.2	0.274	10.09	1.98	2.65	0.278
S13	13.4	0.274	10.50	2.94	2.65	0.247
S14	12.4	0.274	12.12	5.10	2.65	0.255
S15	12.4	0.274	11.98	9.10	2.65	0.219

注：ρ_s 和 ρ_f 分别代表沉积物和水的密度，d 是泥沙颗粒的直径。

颗粒沉降速度是研究 SSC 分布的重要参数。不同的流动条件下，颗粒沉降速度的计算公式不同。在本节中，Zhang 和 Xie（1989）提出的公式适用于从层流到湍流的流动，用于计算颗粒沉降速度：

$$w = \sqrt{\left(13.95\frac{v}{d}\right)^2 + 1.09\frac{\gamma_s - \gamma_f}{\gamma_f}gd} - 13.95\frac{v}{d} \qquad (8.1.10)$$

式中：v 为水的运动黏度；γ_s 和 γ_f 分别为沉积物和水的容重。

SSC 较高时，泥沙沉降速度会受到颗粒相互作用的影响（Chien and Wan，1999）。

然而，在本节中，SSC 较低（<7%），因此可以忽略泥沙浓度对颗粒沉降速度的影响（Bagnold，1954）。

图 8.1.4 显示了 RDM 模拟的 SSC 分布与实验结果的比较。从图 8.1.4 可以看出，该模型能够很好地预测 SSC。而在泥沙与河床相互作用复杂的河床底部附近，模拟 SSC 与实验结果存在一定的偏差。鉴于调查问题的复杂性，可以得出结论：RDM 能够以令人满意的精度模拟无植被的明渠水流中的悬移质输移。这为求解难以获得解析解的泥沙对流扩散方程提供了一种新的方法。

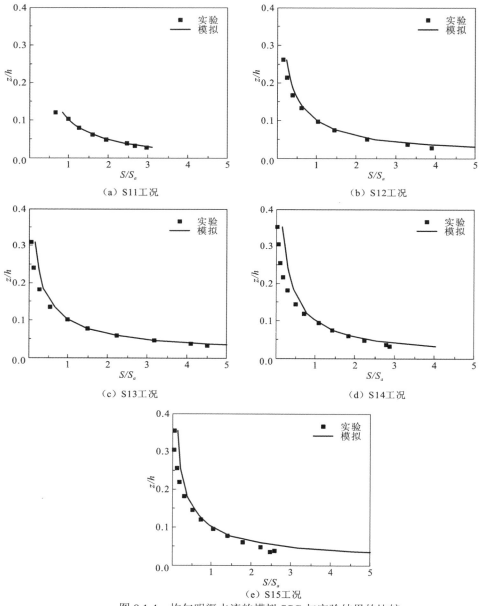

图 8.1.4　均匀明渠水流的模拟 SSC 与实验结果的比较

8.2 实　　验

8.2.1　挺水植被水流数据

本节采用了 Lu（2008）的实验参数和计算的阻力系数的结果，其实验参数如表 8.2.1 所示，其中 d 的大小为 0.217 mm，参考高度 $a = 0.50h$。

表 8.2.1　实验参数、阻力系数和确定系数 β

工况编号	h/m	D/m	$s/10^{-3}$	$U/$(m/s)	$u_*/$(m/s)	$Re/10^4$	α_v/m^{-1}	C_D	β
D12-1	0.12	0.006	13.6	0.334 3	0.126 5	3.1	2.4	0.993 8	2.1
D12-2	0.12	0.006	13.6	0.291 8	0.126 5	2.7	3.0	1.043 5	2.0
D12-3	0.12	0.006	13.6	0.169 0	0.126 5	1.6	6.0	1.555 5	2.1
D15-1	0.15	0.006	13.6	0.332 1	0.141 4	3.5	2.4	1.007 0	2.1
D15-2	0.15	0.006	13.6	0.293 2	0.141 4	3.1	3.0	1.033 6	2.0
D15-3	0.15	0.006	13.6	0.170 0	0.141 4	1.8	6.0	1.537 3	2.0
D18-1	0.18	0.006	13.6	0.343 6	0.154 9	4.0	2.4	0.940 8	2.1
D18-2	0.18	0.006	13.6	0.294 7	0.154 9	3.5	3.0	1.023 1	2.2
D18-3	0.18	0.006	13.6	0.169 2	0.154 9	2.0	6.0	1.551 8	2.0

注：D 为植被直径；U 为横截面的平均速度；Re 为雷诺数；α_v 为单位体积的树冠前缘面积；C_D 为阻力系数。

8.2.2　淹没植被水流数据

使用了 Lu（2008）和 Wang 等（2016）的实验参数，其实验参数如表 8.2.2 所示。这些实验是在低含沙水流条件下进行的。其中，d 的大小为 0.217 mm，参考高度 $a = 0.50h$。

表 8.2.2　淹没植被水流中的实验参数

文献来源	工况编号	h/cm	h_v/cm	D/m	$s/10^{-3}$	$u_*/$(cm/s)	$Re/10^4$	α_v/m^{-1}	β
	C12	12	6	0.006	4.65	4.76	3.0	3	2.8
	C15	15	6	0.006	3.50	4.77	3.5	3	2.9
Lu（2008）	C18	18	6	0.006	2.69	5.20	4.1	3	2.8
	C24	24	6	0.006	1.35	4.45	4.1	3	2.9
	C30	30	6	0.006	0.83	3.71	4.5	3	2.7
Wang 等（2016）	SSW	35	25.1	0.002	0.51	2.23	0.049 5	0.9	2.8

注：h_v 为植被高度。

8.3 分析与讨论

本节将探讨 RDM 在模拟植被含沙水流中的应用。对于没有水生植被的明渠水流，弥散比扩散小得多，因此可以采用 $K_z \dfrac{\mathrm{d}S}{\mathrm{d}z} + wS = 0$ 来描述 SSC。然而，对于有水生植被的明渠水流，植被的存在大大增强了流速垂直剖面的不均匀性。在这种情况下，弥散与扩散的顺序相同。因此，必须在控制方程中包含弥散项。在植被稳定流中应用双平均法（Termini，2019；Poggi et al.，2004a）：

$$-K_z \frac{\mathrm{d}S}{\mathrm{d}z} + \langle w''S'' \rangle = wS \tag{8.3.1}$$

式中：w'' 为垂直时间平均速度与空间平均速度的偏差；S'' 为时间平均 SSC 与空间平均 SSC 的偏差。因此，式（8.3.1）等号左侧的第二项是时间平均速度场中具有空间异质性的弥散项。Poggi 等（2004a）证明，弥散通量通常小于扩散通量，在清水流量中可以忽略（$S'' = 0$）。然而，式（8.3.1）表明，含沙量的非均匀分布可以提高弥散通量。

弥散通量 $\langle w''S'' \rangle$ 可以估计为

$$\langle w''S'' \rangle = -K_{zp} \frac{\mathrm{d}S}{\mathrm{d}z} \tag{8.3.2}$$

式中：K_{zp} 为沉积物弥散系数。定义综合泥沙絮流扩散系数 K_z' 如下：

$$K_z' = K_z + K_{zp} \approx \beta K_m \tag{8.3.3}$$

其中，系数 β 包括植被沙质流中弥散和扩散的影响。许多因素，如含沙量、粒径（Pal and Ghoshal，2016）和冠层密度，都会影响系数 β。

为了提出基于清水湍流扩散系数和系数 β 的综合泥沙絮流扩散系数的表达式，本节应用 RDM 分别模拟了有挺水植被和淹没植被的沙质水流的 SSC，并将模拟结果与现有实验数据进行了比较。

8.3.1 挺水植被水流悬移质分布模拟与验证

之前的研究（Huai et al.，2009c）表明，挺水植被可以使流场趋于均匀。流速在外部区域近似恒定，在靠近河床的黏性区域略有变化。植被阻力和重力是外部区域的主要影响因素，其他力较小，可以忽略。然后将速度推导如下：

$$u_1 = \sqrt{\frac{2gs}{C_D \alpha_v}} \tag{8.3.4}$$

式中：u_1 为挺水植被水流外部区域的速度或淹没植被水流尾流区的速度；C_D 为阻力系数 $\left[C_D = \dfrac{2gs}{\alpha_v u_1^2}，根据式（8.3.4）\right]$；$\alpha_v$ 为单位体积的树冠前缘面积。由于黏性边界区域总是很薄，所以在挺水植被水流中，外部区域控制着流场的速度。在本节中，平均纵向流速近似为 u_1。

　　类似地，有植被的水流的湍流扩散系数一般呈均匀分布。Nepf（2004）从理论和实验上研究了挺水植被水流的湍流扩散系数，并提出了湍流扩散系数的计算公式：

$$K_m = \alpha^3 \sqrt{C_D \alpha_v D} UD \tag{8.3.5}$$

式中：U 为横截面的平均速度；D 为植被的直径；α 为一个比例因子，垂直湍流扩散系数取 0.2，在挺水植被水流中，横向湍流扩散系数取 0.8。

　　考虑弥散对植被流中垂直 SSC 分布的影响，将式（8.3.5）代入式（8.3.3）中：

$$K_z' = \beta K_m = \beta \alpha^3 \sqrt{C_D \alpha_v D} UD \tag{8.3.6}$$

　　本节试图通过将 β 与实验数据拟合，推导出具有挺水植被的含沙水流的综合泥沙紊流扩散系数。为保证系数的准确性，应排除其他因素的干扰。众所周知，C_D 随植被密度略有变化。因此，为了消除阻力系数的影响，通过假设式（8.3.4）中的 u_1 等于横截面的平均速度 U 来计算 C_D。

　　为了选择最佳拟合结果，使用平均相对误差（MRE）来评估模拟和测量的拟合效果：

$$\mathrm{MRE} = \frac{\sum\limits_{i=1}^{N} \dfrac{|C_i - O_i|}{O_i}}{N} \times 100\% \tag{8.3.7}$$

式中：O_i 为实验中观察到的含沙量。式（8.3.7）表明，较大的 MRE 意味着模拟和测量之间的误差较大。因此，当 MRE 达到最小值时，β 将被选为 K_z' 和 K_m 关系的最佳拟合系数。带有 β 的 MRE 的模拟结果如图 8.3.1 所示。可以看出，随着 β 的增加，MRE 先减小后增大。对于每种工况，在曲线的最低点选择 β。

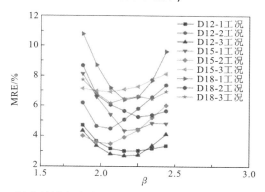

（扫一扫 看彩图）

图 8.3.1　挺水植被水流中平均相对误差（MRE）随参数 β 的变化

　　从实验中拟合的系数 β 如表 8.2.1 所示，并在图 8.3.2 中进行了绘制。表 8.2.1 和图 8.3.2 表明，在实验工况下，β 没有显著变化，所有实验的平均值为 2.1。这可能是由于植被的存在增强了空间不均匀性。

　　对于拟合系数 β，RDM 模拟的 SSC 与实验结果（Lu，2008）的比较如图 8.3.3 所示。图 8.3.3 显示，利用提出的模型预测的 SSC 与实验值基本一致。在近河床区域，模拟值和实验值之间出现了一些差异。这可能是由于实验中测试的沉积物并不完全均匀，这意味着底部附近的悬浮沉积物比河床上方沉积物的中值粒径粗。最终，这会使用泥沙中值粒径的模型低估近河床区域的 SSC。

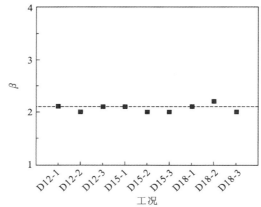

图 8.3.2　挺水植被水流中 9 个实验工况下 β 的变化

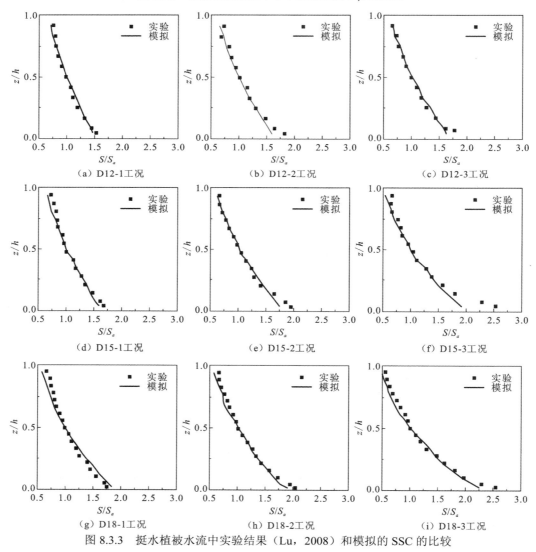

（a）D12-1工况　　　　（b）D12-2工况　　　　（c）D12-3工况

（d）D15-1工况　　　　（e）D15-2工况　　　　（f）D15-3工况

（g）D18-1工况　　　　（h）D18-2工况　　　　（i）D18-3工况

图 8.3.3　挺水植被水流中实验结果（Lu，2008）和模拟的 SSC 的比较

8.3.2　淹没植被水流悬移质分布模拟与验证

淹没植被是河流中常见的一种植被，它极大地改变了河流中悬移质的输移及其垂直分布。因此，研究淹没植被水流中 SSC 的分布具有重要意义。淹没植被水流的速度和湍流扩散系数是复杂的。根据 Nepf 和 Ghisalberti（2008）的研究，水流在垂直方向上分为三层。对于茂密的树冠（即 $\alpha_v h_v > 0.10$，其中 h_v 代表植被高度），每层的流速和湍流扩散系数表示如下（Nepf，2012a）。

在溢流区（$z \geqslant h_v$），速度剖面近似为对数分布：

$$u(z) = \frac{u_*}{k} \ln\left(\frac{z - z_m}{z_0} \right) \qquad (8.3.8)$$

式中：z_m 和 z_0 分别为位移高度和粗糙度高度。位移高度是动量穿透树冠的质心（Thom，1971）：

$$z_m = h_v - \frac{\delta_e}{2} \qquad (8.3.9)$$

其中，穿透长度 δ_e 是湍流涡旋穿透树冠的距离。在 $C_D \alpha_v h_v = 0.10 \sim 0.23$ 的范围内，穿透长度可计算为

$$\delta_e = \frac{0.23 \pm 0.06}{C_D \alpha_v} \qquad (8.3.10)$$

粗糙度高度取决于有效高度，而不是树冠高度，因此 $z_0 \sim \delta_e \sim \alpha_v^{-1}$。例如，对于 $\alpha_v h_v > 0.10$（即密集树冠），粗糙度高度可评估为

$$z_0 = \frac{0.04 \pm 0.02}{C_D \alpha_v} \qquad (8.3.11)$$

在树冠上部（$h_v - \delta_e < z < h_v$），速度由势梯度和湍流应力共同驱动。时间平均速度为

$$u(z) = u_1 + (u_h - u_1)e^{-K_u(h_v - z)} \qquad (8.3.12)$$

其中，根据 Nepf（2012a），系数 $K_u = (8.7 \pm 1.4)C_D \alpha_v$，$u_1$ 是尾流区的速度，u_h 是 $z = h$ 时的速度，可从式（8.3.8）中获得。

第三个区域是尾流区（$z \leqslant h_v - \delta_e$），其中速度 u_1 几乎是一个常数，可以用式（8.3.4）描述。

湍流扩散系数 K_m 基于之前的研究（Nepf and Ghisalberti，2008；Murphy et al.，2007）取值。实验研究表明，对于密集植被，垂直涡的发展受到尾流区植被的限制。垂直输送主要由植被尾部产生的湍流控制。尾流区的湍流扩散系数为

$$K_m = 0.17u_1 D \qquad (8.3.13)$$

湍流扩散强度在冠层顶部达到最大值，然后向水面逐渐减小。湍流扩散系数（$z = h_v$）为（Ghisalberti and Nepf，2005）

$$K_m\big|_{z=h_v} = 0.032\Delta u \cdot t_{ml} \qquad (8.3.14)$$

式中：Δu 为水面和植被流尾流区的速度差（即 $\Delta u = u_h - u_1$）；t_{ml} 为混合层的厚度（Ghisalberti and Nepf，2002），通常等于植被高度（即 $t_{ml} = h_v$）。为了简化，使用一种近似方法来表示 K_m：利用式（8.3.14）计算 K_m 的最大值，使用式（8.3.13）计算尾流区的 K_m 值；假设水面处的 K_m 近似为零，上层树冠和溢流处分别存在线性过渡。然后，K_m 和 $u(z)$ 的近似垂直分布如图 8.3.4 所示。

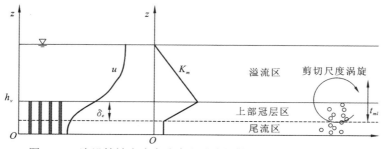

图 8.3.4　淹没植被水流中速度和湍流扩散系数的近似垂直分布

根据式（8.3.6）可以得出淹没植被水流的综合泥沙紊流扩散系数 K'_z。图 8.3.5 显示了各种流动条件下模拟的归一化速度剖面和实验结果的比较。结果表明，模拟结果与实验值吻合较好，尤其是在受雨棚影响较小的溢流区。模拟值和实验值之间的一些偏差发生在尾流区和上部冠层区，其中流动结构受到植被诱导的尾流结构的显著影响。泥沙的存在有助于平滑垂直速度分布，导致式（8.3.8）～式（8.3.12）计算的清水流量在河床附近区域被低估，而在水面附近被高估。

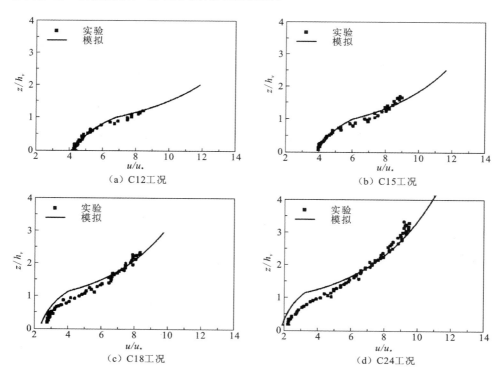

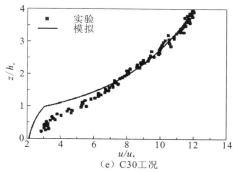

（e）C30 工况

图 8.3.5　淹没植被水流中模拟［通过式（8.3.8）～式（8.3.12）］的归一化速度剖面和实验结果的比较

　　带有 β 的 MRE 模拟结果如图 8.3.6 所示。这里 MRE 和 β 的规律与有挺水植被的水流中的规律相同。β 可从图 8.3.6 中每条曲线的最低点处选择，在表 8.2.2 中列出，并在图 8.3.7 中绘制。结果表明，对于淹没植被沙质流，系数 β 几乎为常数，平均值为 2.8。

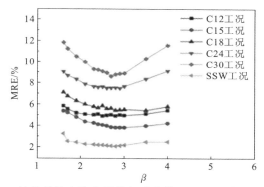

图 8.3.6　淹没植被水流中平均相对误差（MRE）随参数 β 的变化

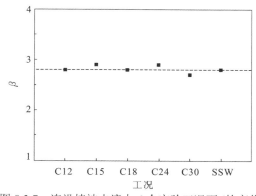

图 8.3.7　淹没植被水流中 6 个实验工况下 β 的变化

　　图 8.3.8 显示了不同工况下模拟的标准化 SSC 和实验结果的比较。总地来说，在几乎所有的水流区域，淹没植被水流中模拟的 SSC 与实验数据吻合良好。在河床底部附近，模拟值和实验值之间存在一些偏差，其中沉积物的尺寸大于模型中使用的中值粒径，这导致该模型低估了近河床区域的 SSC。此外，对河床附近的 SSC 进行精确测量

也很困难。总地来说，这些结果表明，本节使用的泥沙扩散模型能够准确地模拟淹没植被水流中的 SSC。

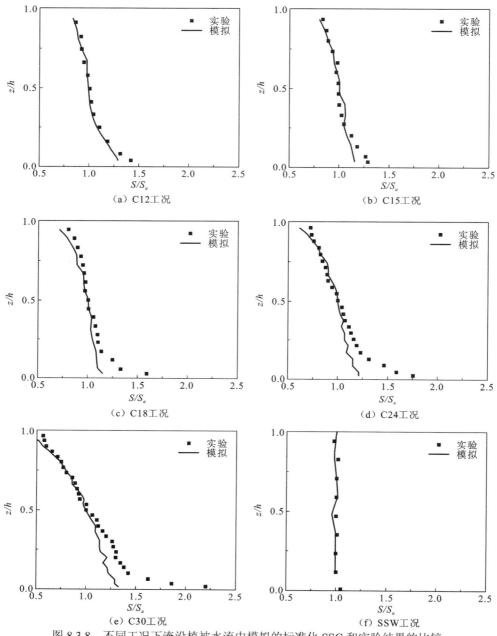

图 8.3.8 不同工况下淹没植被水流中模拟的标准化 SSC 和实验结果的比较

本章应用 RDM 预测了 SSC 的垂直分布，合理考虑了泥沙的沉降速度，以区分泥沙和污染物，通常忽略重力。将该模型应用于低含沙量的稳定植被明渠水流时，虽然没有考虑泥沙颗粒间或颗粒与植被间的碰撞等微观运动，但结果表明，RDM 可以准确地模拟水流流速和 SSC 剖面。从这个角度来看，RDM 被证明是研究 SSC 剖面复杂问题的有效方法之一。

由于植被的存在，沙质流的弥散效应增强，沉积物、水流、植被和河床之间的相互作用机制变得更加复杂。SSC 的分布主要取决于泥沙与紊流的相互作用。本章采用 RDM，通过拟合系数 β，建立了含沙水流的泥沙扩散模型，较好地模拟了 SSC 的分布。对于无植被的低含沙量水流，忽略弥散系数并假设 $\beta = 1$ 是合理的（Dohmen-Janssen et al.，2001）。当水生植被存在时，扩散在不同条件下变化很大，与湍流扩散具有相同的数量级，可以用式（8.3.3）描述。式（8.3.3）中的 β 可通过 RDM 获得，用于淹没植被水流和挺水植被水流。因此，可以建立含植被水流的综合泥沙紊流扩散系数模型，这有助于解决植被与水流的相互作用问题。

影响含沙水流扩散系数的机理非常复杂。van Rijn（1984）提出了表征无植被明渠水流中沉积物扩散系数和湍流扩散系数之间关系的参数：

$$K_z = \beta_p \Phi K_m \qquad (8.3.15)$$

其中，参数 Φ 描述了 SSC 对扩散的影响，参数 β_p 表征了泥沙颗粒沉降速度对泥沙扩散系数的影响。van Rijn（1984）的研究结果表明，在低浓度含沙水流中，Φ 近似统一，β_p 可表示为

$$\beta_p = 1 + 2 \left(\frac{w}{u_*} \right)^2 \qquad (8.3.16)$$

式（8.3.16）表明，在相同的水力条件下，β_p 始终大于 1，并随着颗粒沉降速度的增加而增大。然而，van Rijn（1984）的研究没有考虑到弥散性。结合上述分析，本章提出的系数 β 更准确，因为它考虑了植被和沉积物作用下的扩散影响。结果表明，淹没植被水流 $\beta = 2.8$ 的扩散效应大于挺水植被水流 $\beta = 2.1$ 的扩散效应，这与淹没植被水流中的速度和扩散系数的垂直分布比挺水植被水流中的速度和扩散系数的垂直分布更不均匀这一事实相一致。此外，模拟结果表明，β 与低含沙水流中的植被密度，以及淹没植被水流中的植被密度和淹没程度没有直接关系。然而，在考虑泥沙颗粒相互作用的冠层高含沙水流中，需要更多的实验来探索泥沙湍流扩散系数的规律。

8.4　本 章 小 结

本章对进一步研究沉积物和水流与植被之间的相互作用有很大帮助。从本章中可以得出以下结论。

（1）应用 RDM 研究非植被和植被明渠水流中的 SSC 分布，避免了求解泥沙扩散方程的困难。模拟结果与实验数据吻合良好。由于速度和扩散系数模式复杂时，泥沙对流扩散方程的求解非常复杂，因此，使用 RDM 可能会为解决这一问题提供一种新的方法。

（2）植被的存在增强了流场的不均匀性，这意味着弥散不可忽视。这种现象在沙质植被水流中更为明显。本章提出了一个综合泥沙紊流扩散系数 $K_z' = \beta K_m$，用来表示低含沙量植被水流中泥沙扩散的综合效应。根据模拟结果，挺水植被水流 β 的平均值为 2.1，淹没植被水流 β 的平均值为 2.8。

（3）参数 β 的求解对含沙水流扩散系数的研究有重要影响。为了进一步研究沉积物扩散系数和湍流扩散系数之间的关系，需要进行更详细的实验。

第9章　基于解析方法的悬移质分布计算

SSC 模拟对预测河道输沙速率、植被生长和河流生态系统具有重要意义。本章研究的重点是调查植被明渠水流中的垂直 SSC 剖面。为此，提出了一种弥散通量模型，其中弥散系数在植被的半高之上或之下有不同的取值。采用双平均法，即时空平均法，研究植被明渠水流中的垂直 SSC 剖面。通过求解垂向双平均泥沙平流扩散方程，得到了淹没植被和挺水植被明渠水流中 SSC 的解析解，通过对已有的实验数据进行拟合，得到了影响弥散系数的关键因子——形态系数。分析预测的 SSC 与实验测量结果非常吻合，表明所提出的模型可以准确预测植被明渠水流中的 SSC。结果表明，在无植被区域，弥散项可以忽略不计，而弥散项对植被区域内的垂直 SSC 剖面有显著影响。弥散系数与植被密度、植被结构和植被雷诺数密切相关，而与水流深度关系不大。除少数弥散系数外，大多数弥散系数的绝对值随着植被密度的增加而减小，随着被淹没的植被明渠中植被雷诺数的增加而增加。

9.1　悬移质分布理论

9.1.1　双平均法

尽管双平均法可以在以前的研究中找到，为了方便和完整，本节提供了一个简短的描述。以图 9.1.1 所示平流之间的流量为例，演示了双平均法的概念。在雷诺分解方法的基础上，可以将瞬时纵向速度（记作 u）分解为 $u = \bar{u} + u'$，时间平均速度可以进一步分解为 $\bar{u} = \langle \bar{u} \rangle + u''$。在这些分解中，上横线表示时间平均变量；单撇号表示波动速度，即瞬时变量与时间平均变量的偏差；双撇号表示与空间平均变量的时间平均偏差；符号 $\langle \rangle$ 表示空间平均变量。因此，瞬时速度在时空平均场中可以表示为 $u = \langle \bar{u} \rangle + u'' + u'$。这意味着双平均法包括两个主要步骤：首先，将时间平均应用于瞬时变量的方程式；其次，将空间平均应用于已经在时域中平均的方程式。

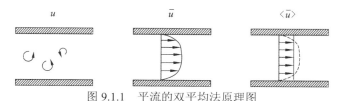

图 9.1.1　平流的双平均法原理图

虽然双平均法已被广泛应用于粗糙明渠和河流中流场的研究，但该方法几乎没有被应用于植被明渠水流中垂直 SSC 剖面的估计。在本章中，将提出一个新的模型来描述带植被的含沙水流中的弥散，并应用双平均法计算垂直 SSC 剖面。根据质量守恒，沉积物瞬时平流扩散方程可写为

$$\frac{\partial c}{\partial t} + \frac{\partial (u_j c)}{\partial x_j} - \frac{\partial}{\partial x_j}\left(K_m \frac{\partial c}{\partial x_j}\right) + S = 0 \tag{9.1.1}$$

式中：t 为时间；c 为瞬时 SSC；x_j 为第 j 个方向（$x_1 = x$ 代表纵向；$x_2 = y$ 代表横向；$x_3 = z$ 代表垂向）；$u_j(j=1,2,3)$ 分别为 x、y、z 方向的瞬时流速分量；K_m 为分子扩散系数；S 为沉积物的源或汇。式（9.1.1）中的第一项是 SSC 随时间的变化，第二项代表 x_j 方向的沉积物平流通量输送，第三项代表沉积物分子扩散通量输送。

将 c、u_j 和 S 的瞬时变量分解为 $\varphi = \overline{\varphi} + \varphi'$（其中 φ 表示变量）并代入式（9.1.1）来应用双平均法，得到：

$$\frac{\partial}{\partial t}(\overline{c} + c') + \frac{\partial}{\partial x_j}[(\overline{u_j} + u_j')(\overline{c} + c')] - \frac{\partial}{\partial x_j}\left[K_m \frac{\partial(\overline{c} + c')}{\partial x_j}\right] + \overline{S} + S' = 0 \tag{9.1.2}$$

对式（9.1.2）应用时间平均，产生：

$$\frac{\partial}{\partial t}(\overline{c} + \overline{c'}) + \frac{\partial}{\partial x_j}\left[\overline{(\overline{u_j} + u_j')(\overline{c} + c')}\right] - \frac{\partial}{\partial x_j}\left[\overline{K_m \frac{\partial(\overline{c} + c')}{\partial x_j}}\right] + \overline{S} + \overline{S'} = 0 \tag{9.1.3}$$

根据规定，$\overline{f + \varphi} = \overline{f} + \overline{\varphi}$，$\overline{\sigma f} = \sigma \overline{f}$，$\overline{f'} = 0$（其中 f 表示一个变量，σ 是一个常数），则式（9.1.3）可以简化为（Termini，2019；Tanino and Nepf，2008）

$$\frac{\partial \overline{c}}{\partial t} + \frac{\partial}{\partial x_j}(\overline{u_j}\,\overline{c} + \overline{u_j'c'}) - \frac{\partial}{\partial x_j}\left(K_m \frac{\partial \overline{c}}{\partial x_j}\right) + \overline{S} = 0 \tag{9.1.4}$$

将 $\overline{c}$、$\langle\overline{u_j}\rangle$ 和 $\overline{S}$ 分解为 $\overline{\varphi} = \langle\overline{\varphi}\rangle + \varphi''$，应用空间平均法，并根据规定（$\langle\varphi''\rangle = 0$ 和 $\langle\langle\overline{\varphi}\rangle\rangle = \langle\overline{\varphi}\rangle$），式（9.1.4）可以表示为

$$\frac{\partial \langle\overline{c}\rangle}{\partial t} + \frac{\partial(\langle\overline{u_j}\rangle\langle\overline{c}\rangle)}{\partial x_j} + \frac{\partial}{\partial x_j}(\langle\overline{u_j'c'}\rangle + \langle\overline{u_j''c''}\rangle) - \frac{\partial}{\partial x_j}\left(K_m \frac{\partial\langle\overline{c}\rangle}{\partial x_j}\right) + \langle\overline{S}\rangle = 0 \tag{9.1.5}$$

式（9.1.5）是双平均平流扩散方程。式（9.1.5）的第一项表示双平均 SSC 随时间的变化。第二项是由平均流速引起的平流通量的传输。第三项是与湍流波动 u_j' 相关的扩散通量的输运。第四项是与时间平均速度场的空间异质性相关的弥散通量的输运。分子扩散项可以被忽略，因为它远小于湍流扩散和弥散通量。假设没有沉积物添加到河流中，因此，沉积物源/汇项 $\langle\overline{S}\rangle$ 可以写为 $-\partial(\omega\langle\overline{c}\rangle)/\partial x_3$（即泥沙沉降的输送），其中 ω 是泥沙颗粒的沉降速度。此外，在稳定均匀的明渠水流中，当 $j=1,2,3$ 时，$\dfrac{\partial\langle\overline{c}\rangle}{\partial t} = 0$，$\partial(\langle\overline{u_j}\rangle\langle\overline{c}\rangle)/\partial x_j = 0$，当 $j=1,2$（在纵向和横向上）时，$\partial(\langle\overline{u_j'c'}\rangle)/\partial x_j = 0$，$\partial(\langle\overline{u_j''c''}\rangle)/\partial x_j = 0$，式（9.1.5）可以简化为

$$\frac{\partial}{\partial x_3}(\langle\overline{u_3'c'}\rangle + \langle\overline{u_3''c''}\rangle) - \frac{\partial(\omega\langle\overline{c}\rangle)}{\partial x_3} = 0 \tag{9.1.6}$$

为了准确模拟稳态平衡植被明渠含沙量的垂直 SSC 剖面，需要适当确定附加弥散项。

9.1.2　弥散通量

式（9.1.6）中的湍流扩散通量由 Fickian 输运理论确定（Termini，2019；Yang and Choi，2010；van Rijn，1984）：

$$\langle\overline{u_3'c'}\rangle = -K_z \frac{\partial\langle\overline{c}\rangle}{\partial x_3} = -K_z \frac{\partial C}{\partial z} \tag{9.1.7}$$

式中：K_z 为湍流扩散系数。在式（9.1.7）中，为了简化，$\langle\overline{c}\rangle$ 被 C 代替以表示双平均 SSC。

在无植被水流中，弥散通量通常被忽略，因为它比湍流小得多。然而，在有植被的明渠水流中，弥散通量不容忽视，因为植被的存在显著加强了空间异质性。这表明弥散通量对植被明渠水流中的垂直 SSC 剖面有很大影响。在本章中，假设弥散通量可以表示为

$$\langle\overline{u_3''c''}\rangle = -K_D U C \tag{9.1.8}$$

式中：K_D 为弥散系数；U 为横截面的纵向平均速度，用于衡量难以获得的垂直平均速度的大小。将式（9.1.7）和式（9.1.8）代入式（9.1.6），得

$$\frac{\partial}{\partial z}\left(-K_z\frac{\partial C}{\partial z} - K_D U C\right) - \frac{\partial(\omega C)}{\partial z} = 0 \tag{9.1.9}$$

充分发展的稳定流的沉积物平流扩散方程可以简化如下：

$$\omega C + K_z \frac{dC}{dz} + K_D U C = A \tag{9.1.10}$$

式中：A 为积分常数。式（9.1.10）表明，第一项（向下的泥沙沉降）必须与第二项和第三项（向上的扩散和弥散通量）平衡。由于在水面处不向河流中添加或捞出泥沙，积分常数 A 等于 0。然后，式（9.1.10）变成：

$$\omega C + K_z \frac{dC}{dz} + K_D U C = 0 \tag{9.1.11}$$

随后，可以通过求解式（9.1.11）来获得稳定植被明渠水流中的垂直 SSC 剖面。

在这项研究中，与植被明渠水流中的空间异质性相关的弥散系数 K_D 被定义为垂直坐标 z 的函数。为了简化弥散通量模型，假设弥散系数等于一个比例因子 K_f 与形态系数 k_m 的乘积：

$$K_D = K_f k_m \tag{9.1.12}$$

其中，形态系数 k_m 是反映流场和植被（包括植被密度、结构和排列）对扩散影响的参数；比例因子 $K_f = 0.001$ 用于消除纵向泥沙质量通量 UC 应用引起的影响，而不是用于消除非垂直泥沙质量通量 $u_3 C$ 应用引起的影响，并表示弥散系数的大小。仿真结果表明，该模

型适用于所研究的条件。根据弥散系数的变化规律，在没有植被的水流中，k_m 等于 0，其中弥散项的大小远小于扩散项和平流项。

由于植被的存在产生了强烈的异质性，弥散效应非常显著。如上所述，已开展了大量实验研究，以调查植被明渠水流中弥散应力的分布。这些研究（Righetti，2008；Stoesser and Nikora，2008；Poggi et al.，2004a）表明，弥散应力的变化很复杂，但遵循类似的规律。他们（Righetti，2008；Stoesser and Nikora，2008；Poggi et al.，2004a）发现，弥散应力从河道底部的 0 开始增加，在植被高度的几乎一半处达到最大值，然后在植被顶部下降并接近 0。因此，形态系数可以进行如下参数化：

$$k_m = \begin{cases} 0, & z \geqslant h \\ -\dfrac{2\theta}{h}z + 2\theta, & \dfrac{h}{2} \leqslant z < h \\ \dfrac{2\theta}{h}z, & z < \dfrac{h}{2} \end{cases} \tag{9.1.13}$$

其中，h 为植被高度，参数 θ 为植被半高处的形态系数，为 k_m 的最大值。式（9.1.12）和式（9.1.13）表明，当确定 θ 的值时，弥散系数是已知的。通过对不同植被条件下 SSC 的实验数据进行拟合，可以得到形态系数的最大值。

9.2 实 验

为了研究弥散通量对植被明渠水流中垂直 SSC 剖面的影响，需要确定湍流扩散通量和泥沙沉降通量。Nepf（2004）将刚性直杆作为植被进行了实验来研究湍流扩散的特性。结果表明，在淹没植被明渠水流中，湍流扩散系数的分布近似于植被区域内的线性分布。湍流扩散系数在植被顶部达到最大值，向水面呈线性下降的趋势。他提出了几个公式来模拟淹没植被河道中的湍流扩散系数。然而，湍流扩散系数在挺水植被明渠水流中几乎保持不变（Nepf，1999）。沉积物的沉降速度是另一个重要参数，可以使用 Zhang 和 Xie（1989）提出的公式进行估算（Tan et al.，2018），该公式适用于层流和湍流：

$$\omega = \sqrt{\left(13.95\frac{\nu}{d}\right)^2 + 1.09\frac{\gamma_s - \gamma_f}{\gamma_f}gd} - 13.95\frac{\nu}{d} \tag{9.2.1}$$

式中：ν 为水的运动黏度；g 为重力加速度；γ_s 和 γ_f 分别为沉积物和水的容重；d 为沉积物颗粒的代表粒径，本节中采用的是沉积物的中值粒径。

利用不同植被明渠水流中确定的湍流扩散系数、泥沙沉降速度和弥散系数，对式（9.2.1）进行求解，可以得到垂直 SSC 剖面的解析解。下面分别介绍有挺水植被和淹没植被的渠道的实验。

9.2.1　挺水植被水流实验

以往的研究表明，在植被明渠水流中，大部分水流的动量被植被要素诱导的阻力所吸收，而不是由河床产生的阻力吸收（Tanino and Nepf，2008；Wilson，2007）。湍流扩散系数 $K_z(z)$ 由于挺水植被的存在而均质化（Nepf，2004，1999），在密集植被水流（$a_v h > 0.1$）中可以表示为

$$K_z = \alpha^3 \sqrt{C_D a_v D} U D \tag{9.2.2}$$

式中：D 为植被茎径；C_D 为植被阻力系数；a_v 为植被前缘面积密度（$a_v = nD$，n 为河床单位面积的植被数量）；α 为比例因子，其中垂直湍流扩散系数取 0.2，挺水植被明渠水流横向湍流扩散系数取 0.8（Nepf，2004）。此外，在植被密集的条件下，α 应略有增加。C_D 显著取决于植被密度和雷诺数（Sonnenwald et al.，2019）。在本节中，根据植被阻力与重力项分量的平衡，对于不同植被密度的实验条件，将阻力系数评价为 $C_D = 2gs/(a_v U^2)$（s 为河床坡度）（Huai et al.，2009c）。

由于 $z > h/2$ 和 $z < h/2$ 区域的弥散系数不同，故应以 $z = h/2$ 为临界高度，在不同层分别求解式（9.1.11）的解析解。利用由式（9.2.2）确定的湍流扩散系数和由式（9.1.12）、式（9.1.13）确定的弥散系数对式（9.1.11）进行积分，得到了挺水植被明渠水流中垂直 SSC 的轮廓线：

$$C = C_a \exp\left[\frac{\theta K_f U}{h K_z}(z^2 - z_a^2) - \frac{2\theta K_f U + \omega}{K_z}(z - z_a)\right], \quad z \geqslant \frac{h}{2} \tag{9.2.3}$$

$$C = C_a \exp\left[-\frac{\theta K_f U}{h K_z}\left(z^2 - \frac{h^2}{4}\right) - \frac{\omega}{K_z}\left(z - \frac{h}{2}\right)\right], \quad z < \frac{h}{2} \tag{9.2.4}$$

式中：z_a 和 C_a 分别为参考高度和相应的参考 SSC。本节取 z_a 为流深的半高，即挺水植被水流中 $z_a = H/2$（H 为流深），$H = h$。

采用 Ikeda 等（1991）和 Lu（2008）的实验参数拟合弥散系数，验证解析模型。实验参数如表 9.2.1 所示。在他们的实验中，测量了不同植被密度下挺水植被水流（刚性柱状杆）的 SSC。为了计算垂直 SSC 剖面，Lu（2008）的实验中湍流扩散系数 K_z 采用式（9.2.2）计算。由于 Ikeda 等（1991）实验中植被密度超出式（9.2.2）的适用范围，因此，根据 Ikeda 等（1991）的建议，得到 $K_z = 0.09 u^* h$（其中 u^* 为摩阻流速）。

表 9.2.1　Lu（2008）和 Ikeda 等（1991）在挺水植被明渠水流中的实验参数

来源	工况编号	$h(H)$/m	D/m	$s/10^{-3}$	$u/$（m/s）	d/mm	a_v/m^{-1}	C_D
Lu（2008）	D12-1	0.12	0.006	13.6	0.126 5	0.217	2.4	0.993 8
	D12-2	0.12	0.006	13.6	0.126 5	0.217	3.0	1.043 5
	D12-3	0.12	0.006	13.6	0.126 5	0.217	6.0	1.555 5
	D15-1	0.15	0.006	13.6	0.141 4	0.217	2.4	1.007 0
	D15-2	0.15	0.006	13.6	0.141 4	0.217	3.0	1.033 6

来源	工况编号	$h(H)$/m	D/m	s/10^{-3}	u/（m/s）	d/mm	a_v/m^{-1}	C_D
	D15-3	0.15	0.006	13.6	0.1414	0.217	6.0	1.5373
Lu（2008）	D18-1	0.18	0.006	13.6	0.1549	0.217	2.4	0.9408
	D18-2	0.18	0.006	13.6	0.1549	0.217	3.0	1.0231
	D18-3	0.18	0.006	13.6	0.1549	0.217	6.0	1.5518
Ikeda 等（1991）	Run9	0.05	0.005	6.67	0.0572	0.145	1.0	1.6

9.2.2　淹没植被水流实验

淹没植被水流的流动结构、湍流扩散和弥散比挺水植被水流复杂得多（Nepf，2012a；Huai et al.，2009c）。由于弥散系数、湍流扩散系数的表达式随水深的变化而变化，因此式（9.1.11）需要分三层进行求解才能得到 SSC。

Lu（2008）、Yuuki 和 Okabe（2002）通过实验研究了淹没植被水流中悬移质负荷与植被的相互作用。这些实验用来比较和验证现有的分析模型。表 9.2.2 列出了这两个实验的参数和测量结果。由于两个实验中淹没植被的构造差异较大，湍流扩散系数的方程也不相同。

表 9.2.2　Lu（2008）、Yuuki 和 Okabe（2002）在淹没植被水流中的水流泥沙特性

来源	工况编号	H/cm	D/cm	d/mm	s/10^{-3}	u/（cm/s）	k	a_v/m^{-1}
	C12	12	0.6	0.217	4.65	4.76	0.25	3
Lu（2008）	C15	15	0.6	0.217	3.50	4.77	0.27	3
	C18	18	0.6	0.217	2.69	5.20	0.28	3
	Y1	6	0.2	0.1	1	2.13	0.2	2.08
Yuuki 和 Okabe（2002）	Y2	6	0.2	0.1	1.5	2.6	0.2	2.08
	Y3	6	0.2	0.1	2	3.01	0.2	2.08

注：k 为卡门常数。

图 9.2.1 为 Lu（2008）实验中湍流扩散系数和形态系数的示意图，其中植被采用刚性直杆模拟。根据 Nepf（2012a）的研究，对于植被密集的水流（$a_v h > 0.1$），湍流扩散系数的最大值出现在植被顶部，可以表示为

$$K_z(z = h) = 0.032\Delta uh \tag{9.2.5}$$

其中，Δu 为植被尾流区与溢流区的流速差，约等于 $0.8u_H - u_w$，u_H 为水面流速，可表示为对数剖面（Huai et al.，2019a），$u_w = \sqrt{2gs/(C_D a_v)}$ 为植被尾流区平均速度，可根据重力和阻力的平衡得到（Huai et al.，2009c）。在槽床处，湍流扩散系数通常为 0。此外，为了避免 $K_z(z = h) = 0$ 的近似导致水面处 SSC$= 0$ 的明显错误，如经典的 Rouse 公式的解

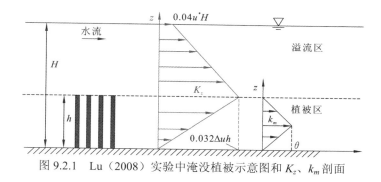

图 9.2.1　Lu（2008）实验中淹没植被示意图和 K_z、k_m 剖面

决方案（Rouse，1937），流动的湍流扩散系数在水面不能为 0。Elder（1959）的研究表明，深度平均湍流扩散系数等于 $ku^*H/6$。在本章中，卡门常数（表 9.2.2）小于清水流量的值（0.4）。在 Lu（2008）的三个工况下，卡门常数 k 的均值接近于 0.26。因此，K_z 的表达式在水面近似为 $K_z(z=H) \approx 0.04u^*H$。结果表明，该表达式模拟的 SSC 与近水面的实验观测结果一致。取水面、植被顶面、河床三个位置的 K_z 后，假设植被区域内为线性过渡，得到湍流扩散系数的表达式：

$$K_z = \begin{cases} k_2 z + b_2, & z \geqslant h \\ k_1 z + b_1, & z < h \end{cases} \tag{9.2.6}$$

其中，参数 k_1、k_2、b_1、b_2 在不同的实验条件下是不同的。Lu（2008）实验的参数计算为 $k_1 = 0.032\Delta u$，$b_1 = 0$，$k_2 = (0.04u^*H - 0.032\Delta uh)/(H-h)$，$b_2 = 0.032\Delta uh - k_2 h$。植被区的弥散系数由式（9.1.12）模拟，在溢流处忽略弥散系数，溢流处弥散项远小于湍流扩散项。Yuuki 和 Okabe（2002）进行的实验中，植被由交错排列的三层圆柱体组成，平均直径 $D=2$ mm，如图 9.2.2 所示。这五个支路对湍流扩散值和弥散系数有显著影响。因此，式（9.2.5）是在刚性植被实验基础上建立的，不适用于本实验条件。然而，湍流扩散系数仍可根据植被高度分为两层，并假定每层为线性剖面（图 9.2.2）。据 Yang 和 Choi（2010）的研究，植被顶部的湍流扩散系数是 $K_z(z=h)=ku^*h$，根据 Yuuki 和 Okabe（2002）的实验观测，湍流扩散系数不为 0 的通道底部采用 $K_z(z=0)=0.1ku^*h$。4 个参数分别为 $k_2 = \dfrac{ku^*h}{h-H}$，$b_2 = \dfrac{ku^*hH}{h-H}$，$k_1 = 0.8ku^*$，$b_1 = 0.1ku^*h$。参考高度 $z_a = H/2$ 也用于有淹没植被的明渠水流。

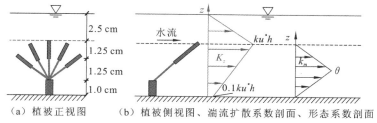

（a）植被正视图　　（b）植被侧视图、湍流扩散系数剖面、形态系数剖面

图 9.2.2　Yuuki 和 Okabe（2002）实验中的植被结构、K_z 和 k_m 草图

如下所述，对于不同条件的这两个实验，可以在三层中获得与各种 $K_z(z)$ 和 k_m 相关的式（9.1.11）的解析解，这些层具有一些差异。Lu（2008）的实验中，参考高度在溢流区，即 $z_a \geq h$。在溢流区（$z \geq h$），假设植被引起的扩散的影响很小，可以忽略。将式（9.2.6）和式（9.1.13）代入式（9.1.11），求解常微分方程，得到均匀淹没植被流溢流区的 SSC：

$$C(z) = C(z_a)\left(\frac{k_2 z + b_2}{k_2 z_a + b_2}\right)^{-\frac{\omega}{k_2}} \tag{9.2.7}$$

在上层植被区，即 $h/2 \leq z < h$，式（9.1.11）考虑弥散项的解析解为

$$C(z) = C(h)\exp\left[\frac{r_1}{k_1}(z-h)\right]\left(\frac{k_1 z + b_1}{k_1 h + b_1}\right)^{\frac{\lambda_1 k_1 - r_1 b_1}{k_1^2}} \tag{9.2.8}$$

$$C(h) = C_a\left(\frac{k_2 h + b_2}{k_2 z_a + b_2}\right)^{-\frac{\omega}{k_2}} \tag{9.2.9}$$

其中，$r_1 = 2\theta K_f U/h$，$\lambda_1 = -2\theta K_f U - \omega$，$C(h)$ 为植被顶部的 SSC，可由式（9.2.7）计算得到。

低植被区（即 $z < h/2$）SSC 的解析解为

$$C(z) = C\left(\frac{h}{2}\right)\exp\left[\left(\frac{r_2}{k_1}\right)\left(z - \frac{h}{2}\right)\right]\left(\frac{k_1 z + b_1}{k_1 \frac{h}{2} + b_1}\right)^{\frac{\lambda_2 k_1 - r_2 b_1}{k_1^2}}, \quad C(h) = C_a\left(\frac{k_2 h + b_2}{k_2 z_a + b_2}\right)^{-\frac{\omega}{k_2}} \tag{9.2.10}$$

其中，$r_2 = -2\theta K_f U/h$，$\lambda_2 = -\omega$，$C(h/2)$ 为植被半高处的 SSC，可由式（9.2.8）计算。

在 Yuuki 和 Okabe（2002）的实验中，参考高度在植被区域内，即 $h/2 < z_a = H/2 < h$，因此 SSC 剖面的解析解与上述不同。在上层植被区，即 $h/2 \leq z \leq h$，式（9.1.11）考虑弥散项的解析解为

$$C(z) = C(z_a)\exp\left[\frac{r_1}{k_1}(z - z_a)\right]\left(\frac{k_1 z + b_1}{k_1 z_a + b_1}\right)^{\frac{\lambda_1 k_1 - r_1 b_1}{k_1^2}} \tag{9.2.11}$$

在溢流区（$z > h$），植被引起的扩散效应很小，可以忽略。将式（9.2.6）、式（9.1.13）代入式（9.1.11），解得 SSC：

$$C(z) = C(h)\left(\frac{k_2 z + b_2}{k_2 h + b_2}\right)^{-\frac{\omega}{k_2}} \tag{9.2.12}$$

其中，$C(h)$ 可由式（9.2.11）计算。

低植被区（即 $z < h/2$）SSC 的解析解为

$$C(z) = C\left(\frac{h}{2}\right)\exp\left[\frac{r_2}{k_1}\left(z - \frac{h}{2}\right)\right]\left(\frac{k_1 z + b_1}{k_1 \frac{h}{2} + b_1}\right)^{\frac{\lambda_2 k_1 - r_2 b_1}{k_1^2}} \tag{9.2.13}$$

其中，$C(h/2)$ 为植被半高处的 SSC，可由式（9.2.11）计算。

9.3　分析与讨论

9.3.1　挺水植被水流

图 9.3.1 和图 9.3.2 分别为 Ikeda 等（1991）和 Lu（2008）实验中预测和实测的垂直 SSC 剖面的对比。可以看出，忽略弥散项（$\theta = 0$，图 9.3.1 和图 9.3.2 中的蓝虚线）的解析解大大低估了半流深高度以上的 SSC，显著高估了半流深高度以内的 SSC。这说明，弥散通量对植被明渠水流中垂直 SSC 分布的影响是显著的，在计算垂直 SSC 剖面时不能忽略。从图 9.3.1 和图 9.3.2 可以看出，弥散系数通常为负，即弥散通量方向与沉降通量方向相反。根据质量守恒，向上的总通量，即扩散通量和弥散通量之和，必须与沉降通量相平衡。因此，相反的弥散通量减弱了沉降通量对垂直 SSC 剖面的影响。此外，随着弥散系数绝对值的增大，SSC 在靠近河床的区域减小，在靠近水面的区域增大。然而，当弥散系数的绝对值很大时，预测的含沙量与实测含沙量的偏差再次变大，含沙量在流深半高范围内由超预测变为低预测。

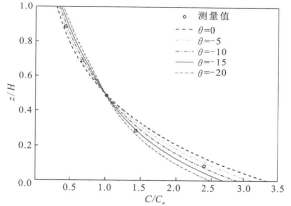

（扫一扫 看彩图）

图 9.3.1　式（9.2.3）和式（9.2.4）预测的（不同形态系数条件下的线）

垂直 SSC 剖面与测量值［开圈，Ikeda 等（1991）］的比较

为了便于比较，不同实验的 H 和 a_v 的值如表 9.2.1 所示。在植被密度相同但水流深度不同的情况下，弥散系数与水流深度的关系不是很清楚。但从图 9.3.2（a）和（c）、图 9.3.2（d）和（f）、图 9.3.2（g）和（i）相同流深不同植被密度的对比可以看出，植被密度对弥散系数有显著影响。其中，平均拟合形态系数绝对值最大的分别为 -10、-3.7、-3.5 和 -4，对应的植被密度分别为 1.0 m^{-1}、2.4 m^{-1}、3.0 m^{-1} 和 6.0 m^{-1}。从图 9.3.2 可以看出，除 $a_v = 6.0$ m^{-1} 外，形态系数的绝对值随植被密度的增加而减小。这个异常情况可能归因于以下事实：在 Lu（2008）的实验中，植被的排列是有规律的，在 D12-3、D15-3、D18-3 工况下，$a_v = 6.0$ m^{-1}，植被中心的横向间隔为 2 cm，纵向间隔为 5 cm。对于这种

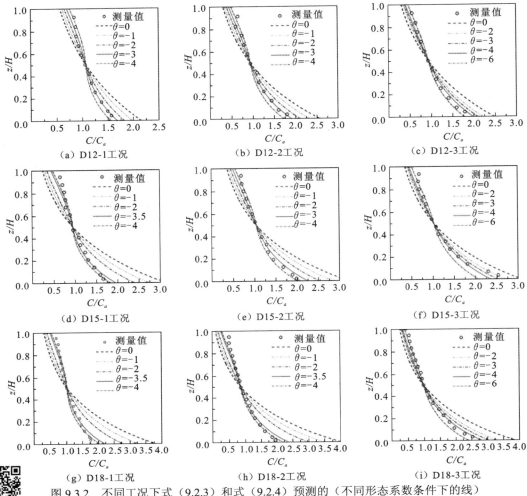

（a）D12-1工况　　　　　　（b）D12-2工况　　　　　　（c）D12-3工况

（d）D15-1工况　　　　　　（e）D15-2工况　　　　　　（f）D15-3工况

（g）D18-1工况　　　　　　（h）D18-2工况　　　　　　（i）D18-3工况

图 9.3.2　不同工况下式（9.2.3）和式（9.2.4）预测的（不同形态系数条件下的线）
垂直 SSC 剖面与实验测量值[开圈，Lu（2008）]的比较

（扫一扫 看彩图）

例外情况，即 $a_v = 6.0\ \mathrm{m}^{-1}$，横向间隔与纵向间隔的比值为 0.4，而在 $a_v = 1.0\ \mathrm{m}^{-1}$、$2.4\ \mathrm{m}^{-1}$ 和 $3.0\ \mathrm{m}^{-1}$ 的情况下，这个比值近似为 1。然而，从交错排列的实验中得到了离散规律和比例因子 α，其中横向间距与纵向间距的比值近似为 1。

9.3.2　淹没植被水流

图 9.3.3 显示了淹没植被明渠水流中预测的和实验测量的垂直 SSC 剖面的对比。Lu（2008）的实验中，水流深度与植被高度的比值是变化的，而植被密度是固定的（水流情况详见表 9.2.2）。图 9.3.3（a）～（c）显示，在没有弥散项（即蓝虚线）的情况下，预测的 SSC 与测量的 SSC 的偏差随植被淹没的增加而减小。这说明植被对垂直 SSC 剖

面的影响随着植被淹没的增加（即 H/h 增加）而减弱。这可能是因为植被对河床阻力的相对重要性随着植被淹没的增加而减小（Nepf，2012a；Nepf and Vivoni，2000；Raupach et al.，1996）。图 9.3.3（a）～（c）显示 $\theta=-3$（即绿色实线）较好地代表了植被引起的弥散系数，说明在 Lu（2008）的水流条件下，弥散系数与植被淹没程度关系不大。

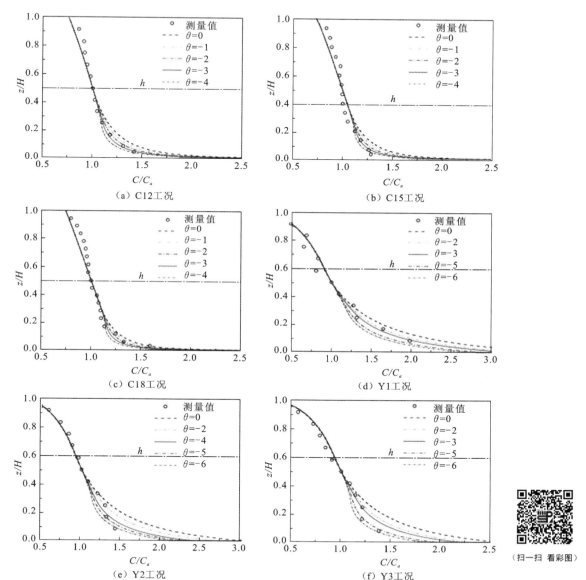

（a）C12工况　　　　　　　　　　（b）C15工况

（c）C18工况　　　　　　　　　　（d）Y1工况

（e）Y2工况　　　　　　　　　　（f）Y3工况

图 9.3.3　预测的（不同形态系数条件下的线）和实验测量的[开圈，Lu（2008），Yuuki 和 Okabe（2002）]淹没植被水流中垂直 SSC 剖面的比较

图中黑色点画线表示植被的高度

（扫一扫 看彩图）

Yuuki 和 Okabe（2002）实验的弥散系数略大于 Lu（2008）的实验值。这可能是由于 Yuuki 和 Okabe（2002）实验中的植被结构有利于分散。从图 9.3.3（d）中可以看出，$\theta=-3$ 可以合理地预测出垂直 SSC 剖面，而从图 9.3.3（e）和（f）中可以看出，预测的 SSC 与测量的 SSC 存在一定的偏差。这可能与他们的实验中植被的结构复杂有关，说明本节提出的解析模型存在一定的缺陷，无法在如此复杂的植被结构下准确预测 SSC。然而，Yuuki 和 Okabe（2002）实验预测的 SSC 比之前的类似研究（Yang and Choi，2010）要好得多，因为之前的研究没有考虑弥散项的影响。

结果表明，在溢流区，解析解与实验测量值吻合较好。对于规则排列的直线圆柱体［即 Lu（2008）的实验］，$a_v=3 \mathrm{~m}^{-1}$，采用本章提出的解析方法，选取适当的弥散系数，可以准确预测植被区域内的垂直 SSC 剖面。对于结构复杂的交错植被［如 Yuuki 和 Okabe（2002）的实验］，$a_v=2.08 \mathrm{~m}^{-1}$，植被区域内预测值与测量值存在一定的偏差。挺水植被水流中垂直 SSC 的剖面随弥散系数的变化规律也出现在淹没植被水流中，即植被区 SSC 随弥散系数绝对值的增大而减小。

9.3.3　误差分析

图 9.3.1～图 9.3.3 的结果表明，解析解高估或低估了植被明渠含沙水流不同区域的 SSC。为了表示不同 θ 下预测的 SSC 与测量的 SSC 的偏差，定义平均误差（AE）如下：

$$\mathrm{AE}=\frac{\sum(C_{\mathrm{pre}}-C_{\mathrm{obs}})}{N} \tag{9.3.1}$$

式中：N 为实验中某一监测位置垂直方向 SSC 的采样次数；C_{obs} 为测量到的 SSC；C_{pre} 为本模型预测的 SSC。

为了确定 θ 的最佳拟合值，还使用另一个常见的统计参数 MRE 来评估所提模型的误差：

$$\mathrm{MRE}=\frac{\sum \dfrac{|C_{\mathrm{pre}}-C_{\mathrm{obs}}|}{C_{\mathrm{obs}}}}{N} \tag{9.3.2}$$

图 9.3.4 给出了挺水植被和淹没植被明渠水流 AE 与 θ 的关系，可以清楚地看出模型对 SSC 是超预测还是低预测。从图 9.3.4 可以看出，当 $\theta=0$ 时，本章提出的模型通常会对 SSC 进行超预测（AE 的正值）。随着 θ 绝对值的增加，淹没植被明渠水流和挺水植被明渠水流的 SSC 均呈现出从超预测到低预测（AE 的负值）的变化趋势。相对于有淹没植被的河道，挺水植被明渠水流在 AE=0 时的 θ 范围更为集中。θ 的具体最佳拟合值可由式（9.3.2）计算的 MRE 的变化来确定。

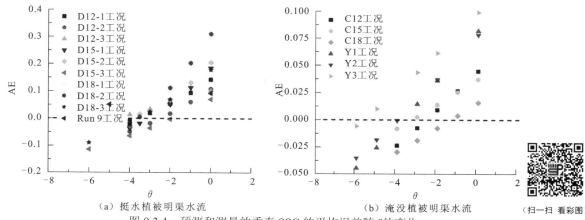

（a）挺水植被明渠水流　　　　　　（b）淹没植被明渠水流

图 9.3.4　预测和测量的垂直 SSC 的平均误差随 θ 的变化

图 9.3.5（a）、（b）分别为挺水植被明渠水流和淹没植被明渠水流的 MRE 随 θ 的变化。由图 9.3.5 可知，随着 θ 的增大，MRE 先减小后增大。MRE 最小值对应的 θ 为该条件下的最佳拟合值，如表 9.3.1 最后一列所示。较小的 MRE 表明，本书提出的模型能够准确地模拟植被明渠水流中 SSC 的垂向分布。a_v 为 2～6 m^{-1} 的河道，θ 的建议值为-5～-3。更具体地说，在有生长植被的明渠水流中，当 a_v 为 2～6 m^{-1} 时，θ 的最佳拟合值接近-4。当 $a_v < 2\,\text{m}^{-1}$ 或 $a_v > 6\,\text{m}^{-1}$ 时，明渠水流弥散系数的变化规律有待进一步的实验研究。

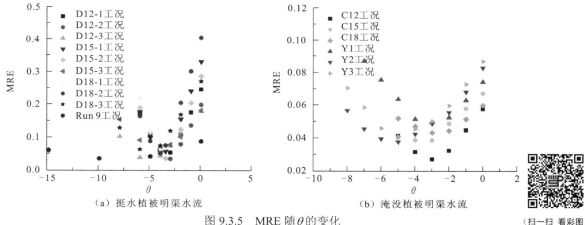

（a）挺水植被明渠水流　　　　　　（b）淹没植被明渠水流

图 9.3.5　MRE 随 θ 的变化

表 9.3.1　明渠水流中的植被参数及 θ 的最佳拟合值

工况	工况编号	Re_s	a_v/m^{-1}	θ
	D12-1	1 994	2.4	-3
挺水植被	D12-2	1 740	3.0	-3
	D12-3	1 008	6.0	-4

工况	工况编号	Re_s	a_v/m^{-1}	θ
挺水植被	D15-1	1 981	2.4	−4
	D15-2	1 749	3.0	−3.5
	D15-3	1 014	6.0	−4
	D18-1	2 049	2.4	−4
	D18-2	1 758	3.0	−4
	D18-3	1 009	6.0	−4
	Run9	1 420	1.0	−10
淹没植被	C12	991	3	−3
	C15	859	3	−3
	C18	753	3	−3
	Y1	153	2.08	−3
	Y2	187	2.08	−4
	Y3	217	2.08	−5

以上讨论表明，弥散系数的大小主要受流场（以速度为主）和植被特征（密度和结构）的影响。流场可以用植被雷诺数表示，即 $Re_s = \dfrac{u_w D}{v}$。复杂的植被结构通过影响湍流度和空间异质性来增强扩散强度，这可以通过比较 Yuuki 和 Okabe（2002）实验与 Lu（2008）实验的 θ 值来证明。表 9.3.1 列出了植被雷诺数、a_v 和 θ 的最佳拟合值。Yuuki 和 Okabe（2002）实验（即 Y1、Y2 和 Y3 工况）的 a_v 均为 2.08 m^{-1}，而植被雷诺数则逐渐增加。因此，Y1、Y2 和 Y3 工况的结果表明，弥散随着 Re_s 的增加而增加，这可能是由较大的植被雷诺数和相应的强烈空间异质性引起的强湍流所致。C12、C15 和 C18 工况的 θ 均为−3，而植被雷诺数略有变化。这可能是由于 C12、C15 和 C18 工况的植被结构有规律，植被雷诺数变化较小。

对于挺水植被和淹没植被的明渠水流，图 9.3.6 显示，θ 的绝对值随 a_v 的增大先减小后增大。结果表明，在 a_v 为 2.08 m^{-1} 的条件下，$|\theta|$ 随 a_v 变化的梯度较大，而在 a_v 较大的条件下，$|\theta|$ 随 a_v 变化的梯度较小。在植被区域内，尾流成为局部的湍流源，使得湍流流场比无植被区域的湍流流场更加不均匀（Nepf et al.，1997b）。因此，在 a_v 较小的情况下，植被的存在显著提高了 $|\theta|$。随着 a_v 的增加，植被茎中心间距逐渐减小，导致空间平均特征面积减小。因此，植被引起的涡在特征区可能会重叠，减弱了局部的不均匀性，从而减小了 $|\theta|$。图 9.3.6 也显示，当 a_v 增加到 6 m^{-1} 时，$|\theta|$ 再次增大。这可能是由 $a_v = 6$ m^{-1} 的植被安排引起的。为了更好地理解和解释这一现象，还需要更多的实验研究。

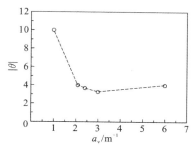

图 9.3.6　最大形态系数的绝对值随 a_v 的变化

9.3.4　深入讨论

植被明渠含沙水流 SSC 的模拟是非常复杂的。它需要明确的流场，包括流速和湍流强度，以及泥沙颗粒特征。根据以往的水槽实验（Nepf，2012a，2004，1999）得到了适用于 Lu（2008）条件的湍流扩散系数经验方程，即将相同的刚性直杆作为实验植被，植被密度在这些公式的适用范围内。本章中使用的其他条件，超出了这些公式的适用范围。因此，湍流扩散系数必须由相应的实验观测或之前的研究来确定（Yang and Choi，2010）。本章提出的模型是建立在正确确定湍流扩散系数的基础上的。因此，将现有模型扩展到有自然活（柔）性植被的明渠水流中仍然是一个具有挑战性的任务。然而，该模型是模拟有植被的明渠水流中垂直 SSC 剖面的一种简单而有效的工具。

采用双平均法，即将经典的时间平均平流扩散方程在与河道底部平行的平面上进行空间面积平均，模拟植被覆盖的明渠水流中的垂直 SSC 剖面。在流场分析中，双平均法的应用减少了植被区域内空间异质性所导致的不一致性。为了求解双平均平流扩散方程，扩散通量用 Fickian 输运理论确定，而弥散通量是弥散系数 K_D 和质量通量 CU 的乘积。根据之前的实验和本章的结果，所提出的弥散通量模型将弥散的影响概括为坐标 z 的函数，因此本章没有强调空间平均的大小。对空间平均大小的建议是，它必须代表空间异质性，以减少空间平均大小变化引起的误差。例如，将与河床平行的整个区域作为具有不规则交错植被或粗糙河床的明渠水流的空间平均大小是正确的（Nikora et al.，2007）。对于有规则交错植被的明渠水流，建议将包含相邻四种植被的区域作为空间平均的大小（Poggi et al.，2004a；Yuuki and Okabe，2002）。

人们对弥散通量模型的认识很少，而以往的研究大多集中在实验测量得到弥散应力上。五蕊柳（*Salix pentandra*）的实验表明，弥散应力的分布非常复杂（Righetti，2008），其中植被顶部和河床的弥散应力小于植被半高处的弥散应力。Coceal 等（2008）、Poggi 和 Katul（2008）利用刚性植被进行了实验。结果表明，弥散应力最大值出现在植被高度的近半处，在垂直方向上均呈下降趋势。结果还表明，植被密度对弥散应力的影响程度很大。基于这些实验研究，假设植被明渠水流中弥散通量的变化，即 $\langle u_3'' c'' \rangle = -K_D UC$ 类似于弥散应力的变化。为了简化，进一步假设植被区弥散系数 K_D 为三角形剖面，如式（9.1.12）和式（9.1.13）所示。将该模型模拟的 SSC 剖面与实测数据进行对比，证实了植被明渠水流中弥散系数与垂直 SSC 剖面之间存在很强的相关性。

结果表明，在含植被悬移质水流中，弥散项（通常以负值出现）在确定垂向 SSC 剖面中起着重要作用。对于挺水植被水流，模型计算的 SSC 从植被半高到河底随弥散系数绝对值的增加呈现出从高到低的变化趋势，而预测的植被半高以上的 SSC 则有相反的变化趋势（图 9.3.1 和图 9.3.2）。植被区域内 SSC 的变化与淹没植被水流植被半高以下 SSC 的变化相似（图 9.3.3），这意味着可以通过对实验数据的拟合得到合适的弥散系数。由于所有的弥散系数都被建模为三角形剖面，所以用形态系数的最大值（即 θ）来表示弥散系数的大小。θ 的最佳拟合值与植被密度、植被结构和植被雷诺数的关系取决于实验条件。这意味着本章所提出的 θ 的最佳拟合值只能代表本章所研究的条件。而 θ、a_v、Re_s 与植被结构之间的关系符合物理机制，并得到了前人相关实验研究的有力支持。

9.4 本章小结

本章在弥散概念的基础上，提出了弥散通量模型，用于研究植被悬移质水流中垂直 SSC 的剖面。采用双平均法，利用时间-空间平均平流扩散方程模拟植被明渠水流的垂直 SSC 剖面。通过对垂直 SSC 剖面的解析解与现有的实验数据进行比较，验证了所提出模型的有效性。结果表明，本章提出的弥散通量模型是可靠的，可用于估算复杂植被、含沙明渠水流中垂直 SSC 的剖面。本章可以得出以下结论。

（1）本章基于弥散的概念，提出了一种估计弥散系数的模型。对于本章中所研究的挺水植被和淹没植被明渠水流，从植被半高处开始，随着 z 的增大，弥散系数减小；从河道底部到植被半高处，随着 z 的增大，弥散系数增大；弥散系数在植被顶部和河道底部均为 0。

（2）植被弥散对植被区垂直 SSC 剖面的影响是显著的，不容忽视。在植被区和接近河道底部的区域，弥散项的加入可以大大提高对垂直 SSC 剖面的预测精度。弥散项可以推广到粗糙河床或含沙波纹的河流，由于河道形态复杂、不均匀，流场结构的空间异质性也很强。

（3）采用双平均法模拟植被明渠水流中垂直 SSC 的剖面，以提高对 SSC 的预测精度。这在植被地区尤为重要，由于植被的存在，湍流的空间异质性很强。

（4）拟合的形态系数主要与植被密度、流场和植被结构有关。在本模型条件下，形态系数和弥散系数的绝对值随植被密度的增加而急剧下降，然后随植被密度的增加而略有增加。

（5）当 a_v 在 2～6 m^{-1} 范围内时，建议的 θ 为-5～-3，平均误差小于 10%。由于实验数据有限，目前还不清楚稀疏植被密度（$a_v < 2\ m^{-1}$）和茂密植被密度（$a_v > 6\ m^{-1}$）下弥散系数的变化趋势。为了准确地提出弥散通量模型，还需要进行更大范围的植被密度实验。

植被环境悬移质输沙率计算

悬移质输沙能力是评价河流 SSC 和生态环境的重要指标。迄今为止，关于植被含沙水流中悬移质输沙能力的研究相对还比较少。在本章中，通过考虑含沙水流和清水水流之间能量损失的绝对值，推导出一个新的公式来预测植被水流的输沙能力。并且，在前人数据和提出的对数匹配方法的基础上对公式参数进行了计算，从而将公式表达成了实用的形式。最后，本章提出公式的计算结果与实验数据吻合较好，证明了所推导的公式在描述植被明渠水流输沙能力方面的有效性。

10.1　悬移质输沙理论

天然河流中经常存在水生植被，使流场和输沙特性变得复杂。了解植被河流的泥沙输移规律对河流治理和改善河流生态环境具有重要意义。张瑞瑾提出了一个估算无植被明渠输沙能力的公式（Tan et al.，2018）：

$$S^* = k\left(\frac{U^3}{gR\omega}\right)^m \tag{10.1.1}$$

式中：S^* 为输沙能力，即在一定的水沙条件下，水流可挟带的临界 SSC；U 为河道平均流速；R 为水力半径；ω 为水流中输送的床料下落速度；g 为重力加速度；k 和 m 为与 $U^3/(gR\omega)$ 相关的两个系数。虽然式（10.1.1）被广泛应用于无植被的明渠水流，但它不适用于估算带沙植被水流的输沙能力，因为式（10.1.1）中没有考虑影响植被的参数。基于此，作者提出了一个公式，表示植被对悬移质输沙能力的影响。为此，作者利用张瑞瑾的理论重新考虑植被水流，用含沙水流和清水水流之间能量损失的绝对值来表示悬移质对植被水流湍流的影响。考虑到植被减少了植被明渠的水流横截面积，与张瑞瑾的方法相似，在有植被的情况下，将清水和含沙水流中单位时间长度的能量损失写成：

$$E_v = \gamma A(1-\lambda)VJ_v \tag{10.1.2}$$

$$E_v^s = \gamma(1-S_v)A(1-\gamma)VJ_v^s + \gamma_s S_v A(1-\gamma)VJ_v^s \tag{10.1.3}$$

式中：E_v 和 E_v^s 分别为清水和含沙水流的能量损失；γ 和 γ_s 分别为水和含沙水流的容重；A 为水流的横截面积；V 为植被水流的交叉平均流速；λ 为由植被所占固体体积分数定义的植被密度；J_v 和 J_v^s 分别为清水和含沙水流中的能量斜率；S_v 为植被水流中的 SSC。悬移质引起的 E_v 与 E_v^s 的能量差可以表示为

$$\left|E_v - E_v^s\right| = \Delta E \tag{10.1.4}$$

其中，ΔE 是 E_v 和 E_v^s 之间能量差的绝对值。将式（10.1.2）和式（10.1.3）代入式（10.1.4），忽略较小的项 $(\gamma_s - \gamma)S_v A(1-\gamma)VJ_v^s$，得

$$(1-\lambda)\gamma AV\left|J_v^s - J_v\right| = \Delta E \qquad (10.1.5)$$

植被含沙水流中影响 ΔE 的重要物理量为 A、ω、S_v、$1-\lambda$ 和水中泥沙的有效容重 $(\gamma_s - \gamma)$，ΔE 可表示为

$$\Delta E = f_1(\gamma_s - \gamma, A, S_v, \omega, 1-\lambda) \qquad (10.1.6)$$

根据 π 定理，式（10.1.6）可以改写为

$$\Delta E = (1-\lambda)(\gamma_s - \gamma)A\omega f_2(S_v) \qquad (10.1.7)$$

虽然 $f_2(S_v)$ 很难确定，但已知 ΔE 随着 S_v 的增加而增加，当 $S_v = 0$ 时，$\Delta E = 0$。因此，在张瑞瑾之后，$f_2(S_v)$ 可以近似地用指数形式表示为

$$f_2(S_v) = D_1 S_v^{\alpha_1} \qquad (10.1.8)$$

其中，D_1 和 α_1 是两个正的无量纲系数。将式（10.1.8）代入式（10.1.7），与式（10.1.5）比较，得

$$S_v^{\alpha_1} = \frac{\gamma}{D_1(\gamma_s - \gamma)}\frac{V}{\omega}\left|J_v^s - J_v\right| \qquad (10.1.9)$$

能量斜率可以通过 Huthoff 等（2007）提出的植被水流中整个流深的两层缩放模型来估计：

$$J_v = \frac{2C_D \lambda V^2}{\pi g d T_v^2} \qquad (10.1.10)$$

$$J_v^s = \frac{2C_D^s \lambda V^2}{\pi g d T_v^2} \qquad (10.1.11)$$

$$T_v = \frac{H - h_v}{H}\left(\frac{H - h_v}{\Delta S}\right)^{2/3[1-(h_v/H)^5]} + \sqrt{\frac{h_v}{H}} \qquad (10.1.12)$$

式中：H 为水深；ΔS 为单个阻力单位的间距，可计算为 $\Delta S = [\sqrt{\pi/(4\lambda)} - 1]d$，$d$ 为植被平均直径；h_v 为植被高度；C_D 和 C_D^s 分别为清水和含沙水流中的无量纲阻力系数。

将式（10.1.10）和式（10.1.11）代入式（10.1.9）得

$$S_v^{\alpha_1} = \frac{\gamma}{D_1(\gamma_s - \gamma)}\frac{2\lambda V^3}{\pi g d\omega T_v^2}\left|C_D^s - C_D\right| \qquad (10.1.13)$$

与张瑞瑾的方法相似，$\left|C_D^s - C_D\right|$ 也可以近似地用指数形式表示为

$$\left|C_D^s - C_D\right| = D_2 S_v^{\beta_1} \qquad (10.1.14)$$

其中，D_2 和 β_1 是两个正的无量纲系数。将式（10.1.13）改写为

$$S_v = \left(\frac{2D_2}{D_1\pi}\right)^{(\alpha_1-\beta_1)^{-1}}\left(\frac{\lambda V^3}{\frac{\gamma_s - \gamma}{\gamma}gd\omega T_v^2}\right)^{(\alpha_1-\beta_1)^{-1}} \qquad (10.1.15)$$

定义 $(\alpha_1 - \beta_1)^{-1} = m_p$，$\dfrac{\gamma_s - \gamma}{\gamma} = a$，$\left(\dfrac{2D_2}{D_1\pi}\right)^{(\alpha_1 - \beta_1)^{-1}} = k_p$，则式（10.1.15）为

$$S_{pv} = k_p \left(\frac{\lambda V^3}{ag\omega dT_v^2}\right)^{m_p} \qquad (10.1.16)$$

其中，S_{pv} 为植被水流体积分数中的临界 SSC，S_{pv}、k_p、m_p 和 $\dfrac{\lambda V^3}{ag\omega dT_v^2}$ 为无量纲量。可以看出，式（10.1.16）的形式与式（10.1.1）相似，但包含了代表植被影响的参数。

10.2　实　　验

收集植被水流中的悬移质输沙数据，以评估植被水流中新提出的输沙能力模型［式（10.1.16）］。收集的数据包括 Lu（2008）、Tinoco 和 Coco（2016）、Shi（2018）、Yuuki 和 Okabe（2002）、Tollner 等（1976）的数据。所有实验数据的沉降速度均采用张瑞瑾提出的公式计算：

$$\omega = \sqrt{\left(13.95\frac{v}{d_{50}}\right)^2 + 1.09agd_{50}} - 13.95\frac{v}{d_{50}} \qquad (10.2.1)$$

式中：v 为水的运动黏度；d_{50} 为颗粒的平均直径。式（10.2.1）可用于所有三种沉降区域（层流沉降区域、过渡沉降区域、湍流沉降区域），并已成功地应用于植被水流，具有令人满意的精度。

10.3　分析与讨论

确定沉积物运输能力的公式［如式（10.1.16）］中，T_v 和 ω 的值是计算的，将横截面平均 SSC 的数据作为 $\dfrac{\lambda V^3}{ag\omega dT_v^2}$ 的函数，用图 10.3.1 中的实线表示。从图 10.3.1 中可以看出，本章提出的公式的计算结果与实验数据吻合较好，证明了所推导的公式在描述植被明渠水流输沙能力方面的有效性。

式（10.1.16）中的 $\dfrac{\lambda V^3}{ag\omega dT_v^2}$ 可视为无量纲数 $\dfrac{V^2}{gdT_v^2/\lambda}$ 与 $a\omega/V$ 的比值。dT_v^2/λ 为植被水流的水力半径 R，包含了所有植被特征参数。T_v 可作为淹没植被的修正因子，如式（10.1.16）所示，淹没植被的修正因子为 $T_v = 1$。因此，对于有挺水植被的水流，$R = d/\lambda$，其形式与 Cheng 和 Nguyen（2011）提出的有挺水植被水流的水力半径相似。随后，$V^2/(gdT_v^2/\lambda) = V^2/(gR)$ 可以被视为植被水流弗劳德数的平方，代表了湍流强度，

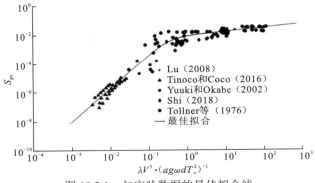

图 10.3.1　与实验数据的最佳拟合线

由于固有的平均流量和湍流脉动之间的相关性，且 ω/V 反映了粒子的相对重力，因此，这两个术语的物理本质是湍流强度与重力的对比，决定了泥沙的悬移和输沙能力。此外，这两项代表了水流与植被和颗粒的相互作用。水流的水力条件是植被与颗粒相互作用的纽带。式（10.1.16）不仅在力学上准确，在量纲上协调，而且在物理量的辩证关系上也是合理的。

对于系数 k_{p} 和 m_{p}，基于图 10.3.1 所示的实验数据，分别获得了上下渐近线在 1 和 0.1 处的 $\dfrac{\lambda V^3}{ag\omega dT_{\mathrm{v}}^2}$ 的截止点。使用对数据集的最佳拟合方法得到：

$$S_{\mathrm{pv}} = \frac{0.2\left(\dfrac{\lambda V^3}{ag\omega dT_{\mathrm{v}}^2}\right)^{2.49}}{\left[1 + 3.86\left(\dfrac{\lambda V^3}{ag\omega dT_{\mathrm{v}}^2}\right)^2\right]^{1.11}} \tag{10.3.1}$$

这两条渐近线以黑色虚线在图 10.3.2 中表示，式（10.3.1）在图 10.3.2 中以黑色实线表示。由图 10.3.2 可知，式（10.3.1）的预测值与实验测量值吻合较好，决定系数为 $R^2=0.804$。这意味着式（10.3.1）在实际应用中可以代替式（10.1.16），并且具有可接受的精度。

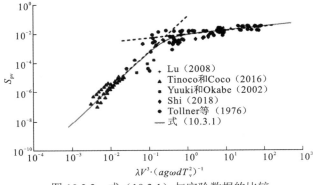

图 10.3.2　式（10.3.1）与实验数据的比较

10.4　本 章 小 结

　　悬移质输沙能力是评价河流 SSC 和生态环境的重要指标。在本章中，通过考虑含沙水流和清水水流之间能量损失的绝对值，推导出一个新的公式来预测植被水流的输沙能力。尽管用于分析的实验数据集代表了常规的人工刚性植被，但鉴于推导的公式几乎包含了所有与水力、悬浮粒子和植被相关的参数，以及可变系数 k_p 和 m_p，所以公式比较精确。而且，为了避免在实际应用中难以确定这两个系数，本章采用对数匹配方法给出了一个通用方程。

第11章

淹没植被环境紊动结构和泥沙沉积模式

海草在海洋生态系统中扮演着重要的角色，除了水生植被所具有的基本作用外，海草吸收碳的速率是陆地植被的 10～100 倍。受工业和农业发展的影响，海草退化，这会使海草储存的碳释放到大气中，从而造成气候变化。为了保护现有海草并利用海草进行生态修复，首先需要了解海草内的水流紊动结构及其捕获悬浮颗粒的能力。本章考虑了植被密度及水深平均流速对植被区内细颗粒沉降的影响，从水流紊动能的角度来分析细颗粒的纵向沉积模式。

11.1 植被环境紊动结构特性

11.1.1 淹没海草中的水流发展

当水流遇到淹没海草时，流速沿程变化（图 11.1.1），纵向坐标和垂向坐标为(x, z)，分别对应纵向流速和垂向流速(u, w)。$x=0$ 表示植被的前缘，以水流流动方向为正。$z=0$ 表示在水槽底部，向上为正。植被的密度由无量纲参数 ah 定义，其中 a 为单位海草体积中植被的投影面积，h 为海草高度。由于植被阻力，当水流进入植被区时，流速会逐渐减小。当植被区宽度 B 大于植被高度 h 时，水流的减速会引发垂直向上的分流。水流变化发生在调整长度 X_D 内。Chen 等（2013）给出了调整长度的计算公式：

$$X_D = (6.9 \pm 1.1)(1-\phi)h + \frac{3.0 \pm 0.4}{C_D a}(1-\phi) \tag{11.1.1}$$

式中：ϕ 为植被固体体积分数；C_D 为总阻力系数。在调整区域内，垂向平流比垂向湍流的输移更重要（Yang et al., 2016），剪切层的发展受垂向平流的制约（Irvine et al., 1997）。在垂向平流以外的区域，由 K-H 不稳定性引发涡结构，在植被顶部形成剪切层（Chen et al., 2013；Nepf, 2012a）。剪切涡从植被前缘开始逐渐发展，最终达到最大垂向尺度（图 11.1.1），剪切涡入侵到植被区域内的深度用 δ_e 表示（Nepf et al., 2007）：

$$\delta_e = \frac{0.23 \pm 0.06}{C_D a} \tag{11.1.2}$$

Ghisalberti（2009）证实了在一系列受阻剪切层中，入侵深度和 $C_D a$ 呈反比例关系，即 $\delta_e \sim (C_D a)^{-1}$。Nepf 和 Vivoni（2000）、Konings 等（2012）研究指出，入侵深度被限制在水深 H、植被高度 h 内，所以将式（11.1.2）改进为

$$\delta_e = \min\left\{\frac{0.23 \pm 0.06}{C_D a}, H-h, h\right\} \tag{11.1.3}$$

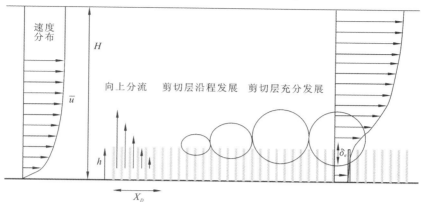

图 11.1.1　淹没海草水流结构调整

H 为水深，h 为植被高度，$\overline{u}$ 为纵向时均流速，X_D 为调整长度，δ_e 为剪切涡的入侵深度

11.1.2　充分发展的植被水流的紊动特性

植被冠层湍流模型可以通过以往的研究建立。淹没植被会产生两个紊动项，一个是植被顶部剪切层的紊动，另一个是单个植被的尾流紊动。针对纵向时均流速 $\overline{u}(z)$，茎秆紊动产生项为

$$P_{stem}(z) = C_1 C_{DF} \frac{nd}{2(1-\phi)} \overline{u}(z)^3 \tag{11.1.4}$$

其中，$C_1 = 1.07 \pm 0.09$（Tanino，2008），C_{DF} 是植被的形状阻力系数，n 是单位河床面积上植被的个数（株/m²），d 是植被直径。沿植被高度方向平均的茎秆紊动产生项的表达式为

$$\langle P_{stem} \rangle = \frac{1}{h} \int_0^h C_1 C_{DF} \frac{nd}{2(1-\phi)} \overline{u}(z)^3 \mathrm{d}z = \frac{1}{h} C_1 C_{DF} \frac{nd}{2(1-\phi)} \int_0^h \overline{u}(z)^3 \mathrm{d}z \tag{11.1.5}$$

其中，C_{DF}、n 和 d 这三项在植被高度方向是均匀的。在植被区内充分发展的区域（$x > X_D$），沿着植被高度方向的流速平均值 $U_1 = \langle \overline{u} \rangle$，可以通过 Chen 等（2013）提出的双层模型来估算：

$$\frac{U_1}{U} = \frac{1}{1 - \dfrac{h}{H}\phi + \sqrt{\dfrac{C_D a h}{2C(1-\phi)}\left(\dfrac{H-h}{H}\right)^3}} \tag{11.1.6}$$

其中，U 是水深平均流速，

$$C = (0.07 \pm 0.02)\left(\frac{\delta_e}{H}\right)^{1/3} \tag{11.1.7}$$

是代表植被顶部动量湍流交换的经验拟合系数（Chen et al.，2013；Gioia and Bombardelli，2002）。

根据式（11.1.6）求得 U_1，茎秆紊动产生项的预测值：

$$\langle P_{stem} \rangle_m = C_1 C_D \frac{nd}{2(1-\phi)} U_1^3 \qquad (11.1.8)$$

由于 $U_1^3 < \int_0^h \overline{u}(z)^3 \mathrm{d}z$，式（11.1.8）会低估茎秆紊动产生项。

剪切紊动产生项的表达式：

$$P_{shear}(z) = -\overline{u'w'} \frac{\partial \overline{u}}{\partial z} \qquad (11.1.9)$$

其中，$-\overline{u'w'}$ 是雷诺应力。当剪切紊动产生项沿着植被高度平均后：

$$\langle P_{shear} \rangle = \frac{1}{h} \int_0^h -\overline{u'w'} \frac{\partial \overline{u}}{\partial z} \mathrm{d}z \qquad (11.1.10)$$

根据 Chen 等（2013），植被顶部的雷诺应力表达式为

$$-\overline{u'w'}\Big|_h = C(U_2 - U_1)^2 = u_*^2 \qquad (11.1.11)$$

其中，u_* 为摩阻流速，U_2 是流速沿着非植被层平均得到的，根据水流的连续性可得

$$U_2 = \frac{UH - U_1 h}{H - h} \qquad (11.1.12)$$

Ghisalberti（2009）指出，$U_h - U_1 = 2.6 u_*$（U_h 为植被顶部的流速），即得

$$\frac{\partial \overline{u}}{\partial z}\Big|_h \approx \frac{U_h - U_1}{\delta_e} = \frac{2.6 u_*}{\delta_e} \qquad (11.1.13)$$

所以在植被顶部，有

$$P_{shear}(z=h) = -\overline{u'w'}\Big|_h \frac{\partial \overline{u}}{\partial z}\Big|_h = \frac{2.6}{\delta_e} C^{3/2}(U_2 - U_1)^3 \qquad (11.1.14)$$

由于剪切层仅出现在植被区的入侵深度 δ_e 内，所以剪切紊动产生项也仅限在此深度内。假定剪切紊动产生项从 $z = h$ 处的峰值线性递减到 $z = h - \delta_e$ 处的零，深度平均的剪切紊动产生项为

$$\langle P_{shear} \rangle_m = \frac{1.3}{h} C^{3/2}(U_2 - U_1)^3 \qquad (11.1.15)$$

在植被区内的充分发展区域，变量沿程几乎不变，紊动产生项和耗散项是相互平衡的，即

$$\langle P_{shear} \rangle + \langle P_{stem} \rangle = \langle \varepsilon \rangle = \frac{\langle k_t \rangle^{3/2}}{l_t} \qquad (11.1.16)$$

其中，$\langle \varepsilon \rangle$ 是沿植被高度平均的耗散率，$\langle k_t \rangle$ 是沿植被高度平均的紊动能，l_t 是相关的紊动能长度尺度（Tanino and Nepf，2008）。剪切紊动产生项出现在与剪切层的长度尺度相关的范围内，茎秆紊动产生项出现在与茎秆直径相关的长度尺度范围内。一部分剪切紊动能是由额外的茎秆紊动能耗散的。基于上述理论，假定在植被区内部，紊动能的长度尺度和植被直径是成比例的，即 $l_t \sim d$（Poggi et al.，2004b）。采用 $l_t = \beta d$，β 是一个比例因子，根据实测资料来取值。沿植被高度方向平均的紊动能为

$$\langle k_t \rangle = [(\langle P_{shear} \rangle_m + \langle P_{stem} \rangle_m) \beta d]^{2/3} \qquad (11.1.17)$$

注意到式（11.1.17）与河床切应力产生的紊动项无关。在本节中，植被区域内河床产生的紊动能忽略不计，其计算公式为 $\langle k_t \rangle_b = \dfrac{\tau_b}{0.19\rho} = \dfrac{C_f U_1^2}{0.19}$（Yang and Nepf，2019；Stapleton and Huntley，1995），其中，τ_b 为床层剪应力，ρ 是水体密度，U_1 是水流充分发展区域内沿植被高度平均得到的水流流速，C_f 是河床摩阻系数。在不同工况下，C_f 可以根据植被区上游的流速分布计算得到。各个工况下的河床摩阻系数 $C_f = 0.004 \pm 0.001$。河床产生的紊动能预测值 $\langle k_t \rangle_b$ 和实测值 $\langle TKE \rangle$ 的对比如表 11.1.1 所示，发现河床产生的紊动能占总紊动能的不到 20%，表明在植被区域内忽略河床产生的紊动能是合理的。

表 11.1.1　河床产生的紊动能预测值 $\langle k_t \rangle_b$ 和实测值 $\langle TKE \rangle$ 的对比

参数	值					
U_1/（m/s）	0.02	0.03	0.04	0.07	0.09	0.13
$\langle k_t \rangle_b$/（m²/s²）	8.4×10^{-6}	1.9×10^{-5}	3.4×10^{-5}	1.0×10^{-4}	1.7×10^{-4}	3.6×10^{-4}
$\langle TKE \rangle$ /（m²/s²）	1.3×10^{-4}	1.7×10^{-4}	8.0×10^{-4}	9.7×10^{-4}	1.3×10^{-3}	2.0×10^{-3}
$\langle k_t \rangle_b$/$\langle TKE \rangle$	0.06	0.11	0.04	0.10	0.13	0.18

11.2　实　　验

实验是在美国麻省理工学院的 Nepf 实验室中完成的，水槽长 24 m，宽 0.38 m，由玻璃制成。此循环水槽的底坡为零。实验水槽的示意图如图 11.2.1 所示。本章考虑了两种水深（36 cm 和 26 cm）、三个水深平均流速（0.06 m/s、0.16 m/s 和 0.22 m/s）（表 11.2.1），这三个水深平均流速在自然界河道中比较常见，具有一定的代表性（0.04～0.4 m/s）（Hansen and Reidenbach，2013；Wilkie et al.，2012）。

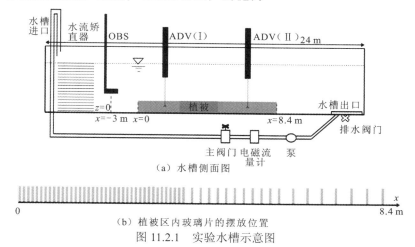

（a）水槽侧面图

（b）植被区内玻璃片的摆放位置

图 11.2.1　实验水槽示意图

灰色阴影部分为 8.4 m 长的刚性植被区域

表 11.2.1　实验工况

工况	U/(m/s)	U_1/(m/s)	n/(株/m²)	a/m⁻¹	ϕ	Re_d	δ_e/cm	δ_{e^*}/cm	C_D	X_D/cm	X_{D^*}/cm	L_r/cm	L_p/cm
1	0.06	0.02	516	3.3	0.018	128	5.1±1.7	5.8±0.5	1.4	133±17	120±30		
2	0.06	0.03	260	1.7	0.008 4	192	11±4	>h	1.3	230±40	250±70		
3	0.16	0.04	1 500	9.6	0.048	256	1.9±0.6	2.8±0.5	1.3	80±15	66±16	25±3	70±3
4	0.16	0.07	516	3.3	0.018	448	6±2	6.4±0.5	1.2	130±30	140±60	39±4	100±4
5	0.16	0.09	260	1.7	0.008 4	576	12±4	>h	1.1	230±50	290±60	65±5	140±5
6	0.22	0.13	260	1.7	0.008 4	832	12±4	>h	1.1	230±50	240±40	70±5	130±5
7*	0	0	1 500	9.6	0.048	0							
不确定性	5%	5%		3%	2%	5%			20%				

注：U 为水深平均流速；U_1 为植被区内沿植被高度方向平均的纵向流速（$x>X_D$）；n 为单位河床面积上植被的个数；a 为单位植被体积内，植被在水流方向的投影面积；$\phi=\pi ad/4$ 为固体体积分数；$Re_d=U_1d/\nu$ 为单个茎秆的雷诺数，ν（$=0.01$ cm²/s）为运动黏度系数；C_D 由 Etminan 等（2017）的公式推导计算，C_D 的不确定性是根据 Etminan 等（2017）得到的；δ_e 为测量的剪切涡入侵深度，δ_{e^*} 是根据式（11.1.3）计算得到的；X_D 为测量得到的水流调整长度，X_{D^*} 是根据式（11.1.1）计算得到的；L_r 为从植被前缘到沉积量最小处的距离；L_p 为从植被前缘到沉积量最大处的距离。

　　淹没的植被是由刚性的圆柱形木棍模拟的。选择刚性木棍是为了方便粒子沉积量的测量，因为当水槽排水时，柔性叶片掉落到滑动装置上，会破坏粒子沉积量的测量。之前的研究表明，在相同的无量纲植被密度下，刚性植被的水流结构与柔性植被相似（Ghisalberti and Nepf，2006）。此外，海草的底部茎秆处类似于刚性木棍，因此，近河床处由植被引起的紊动能也是相似的（Zhang et al.，2018），所以使用刚性木棍模拟海草是合理、可行的。然而，值得注意的是，由于自然界海草叶片的运动，在柔性植被顶部的剪切层紊动能峰值没有在刚性植被顶部显著（Ghisalberti and Nepf，2006）。

　　这些植被在多孔 PVC 平板上交错排列。植被高度（h）为（7.0 ± 0.2）cm，植被直径（d）为（0.64 ± 0.02）cm，天然植被的直径从 0.3 cm（如大叶藻）（Fonseca et al.，2007）到 2 cm（如红树林植物的通气根）（Norris et al.，2017）不等。植被密度用单位植被体积内，植被沿水流方向的投影面积，即 $a=nd$ 来表示，其中 n 是单位河床面积上植被的个数（表 11.2.1）。本章中的无量纲植被密度 $ah=0.12\sim0.67$ 可以代表自然界中的真实海草密度。例如，Hansen 和 Reidenbach（2012）提到大叶藻的 $ah=0.1\sim1.8$。模型植被区域长 8.4 m，前缘距水槽进口 7 m。相关的水流参数和植被参数如表 11.2.1 所示。

11.2.1　粒子沉积实验

　　沉积实验中采用的是一种微小的模型粒子，这种模型粒子是由玻璃球体组成的。这种粒子的沉降速度（w_s）和河床摩阻流速（U_*）之比恰好落在悬浮有机物在水生生态系统中的比值范围内（$w_s/U_* = 0.002 \sim 0.3$）（Ortiz et al.，2013），证明这种粒子可以有效代表自然界中的悬浮有机物。已知粒子的中值粒径（$d_{50} = 7$ μm）和密度（$\rho_p = 2.5$ g/cm^3），通过 Cheng（1997）的计算公式，可以得到粒子的沉降速度 $w_s = 0.003$ cm/s。河床的摩阻流速可由 $U_* = \sqrt{C_f}U$ 计算得到，其中 C_f 是河床摩阻系数。通过以前的实验研究，此 PVC 平板上的河床摩阻系数 $C_f = 0.005$（Nepf et al.，2007）。当水深平均流速 $U = 0.06$ m/s、0.16 m/s 和 0.22 m/s 时，$w_s/U_* = 0.007$、0.003、0.002，此范围落在海水中有机物输移的 w_s/U_* 区间内（Burban et al.，1990）。因此，该模型粒子可以代表悬浮在海水中的有机物，并且这些有机物有可能沉积在植被区中，进而为植被的生长提供良好的条件（Gurnell，2014；Corenblit et al.，2007），并促进植被区内碳的吸收（Gruber and Kemp，2010）。

在每次沉积实验前，需要做一些准备工作：称量 60 片干净的玻璃片并记录在 Excel 表格中，玻璃片的尺寸是 7.5 cm×2.5 cm。将这些玻璃片沿着纵向放置在水槽中，在植被区上游放置 2 片，在植被区内部放置 56 片[图 11.2.1（b）]，在植被区下游放置 2 片。接下来打开进水口，慢慢达到预设的水深，再关闭进水口。然后称 460 g 的粒子，倒入实验桶中，与水充分搅拌混合。打开泵，达到预设的运转频率。将充分混合的溶液缓慢地从下游倒入水槽中，这样会使粒子进入水槽的循环管道，再进入泵，然后从上游均匀地进入水槽中。倒入溶液大概需要 3 min，与水槽内水循环一圈的时间一致，这是为了当溶液全部倒入水槽时，粒子已经较为均匀地混合在整个水槽中[图 11.2.2（a）]。水槽内粒子的初始质量浓度为 108 mg/L。实验进行 4 h，4 h 之后，缓慢降低水泵的转速至零。再打开出水口，经过大概 25 min 将水槽内的水排干。水槽排水之后，将玻璃片在水槽中静置 24 h，然后移至烤箱中对其干燥 24 h 以去除多余的水分，拿掉玻璃片后的水槽如图 11.2.2（b）所示，长方形的灰色阴影表示玻璃片所在的位置。最后将干燥后的玻璃片称重，根据实验前后的重量差计算沉积量。每个工况重复两次，用来计算每个测点的不确定性。

（a）沉积实验未放水时的现场图片（已加入粒子）

（b）水槽放水后，拿掉玻璃片后的水槽图片

图 11.2.2　实验装置图

值得注意的是，在每次排干水之前，在水槽内加入额外的 6 片玻璃片，1 片在植被区上游，1 片在植被区下游，剩余 4 片在植被区内沿程布置，利用这 6 片玻璃片上的沉积量大小来求证在排水过程中粒子的沉积是否均匀，会不会对实验得到的沉积模式有显著影响。对于密度最高的工况（$n = 1\ 500$　株$/\text{m}^2$），由于植被间距较小，所以在排水之前无法添加新的玻璃片。在此密度下，通过静水实验确定排水过程对粒子沉积结果的影响（工况 7^*）。在静水实验中，最开始使用较大的水深平均流速（$U = 0.16\ \text{m/s}$）运行 20 min，从而使粒子在水槽中均匀分布。在静水实验中，认为粒子沉积量沿着水槽各个方向都是均匀一致的，任何不均匀都是由排水过程造成的。图 11.2.3 展示了排水过程中，粒子沉积量的沿程分布情况。图 11.2.3（a）是工况 1~6 中粒子在排水期间的沉积量，图 11.2.3（b）表示的是工况 7^* 中的粒子沉积模式。根据图 11.2.3 可知，沉积量在空间上基本均匀，证实了排水过程对粒子沉积模式的影响可以忽略不计。

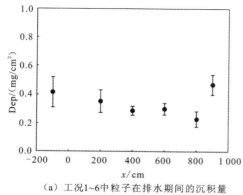

（a）工况1~6中粒子在排水期间的沉积量

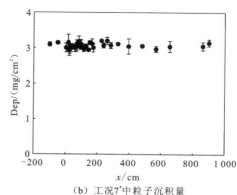

（b）工况7^*中粒子沉积量

图 11.2.3　排水过程中粒子沉积量的沿程分布情况图

植被区为 $x = 0 \sim 840$ cm

实验过程中，水槽中的水量固定不变，随着粒子的沉积，粒子的悬浮浓度下降。采用光学后向散射浊度计（optical backscatter sensor，OBS）测量悬浮粒子的浓度。OBS位于水槽的中宽和中深位置，并且在植被区上游 3 m 处[图 11.2.1（a）]。OBS 探头根据悬浮粒子散射的光线，得到粒子浓度，其探测位置是探头向下的 5 cm 处。在处理 OBS数据之前，需要对 OBS 进行校准。

植被区内的总沉积量 M_m 可以根据植被区内单个玻璃片的空间平均沉积量 Dep_m 之和计算得出，即 $M_m = B L_m Dep_m$（表 11.2.2），植被区长度 $L_m = 8.4$ m，水槽宽度 $B = 0.38$ m。植被区外部的沉积量 M_b 可以由植被区外玻璃片上的空间平均沉积量 Dep_o 之和得到，即 $M_b = B L_o Dep_o$，其中 L_o 为植被区以外的水槽长度。此外，通过实验前后的浓度 c_1、c_2 差异，也可以估计实验过程中的粒子沉积量 M_{tot}。具体来说，$M_{tot} = V_o (c_1 - c_2)$，其中 V_o 为水槽内总水量。从玻璃片上的沉积量求得的总沉积量（$M_m + M_b$）与从悬浮物浓度推断出的总沉积量基本一致（表 11.2.2），表明玻璃片能够很好地反映粒子的沉积情况，所以利用玻璃片做沉积实验是可行的。

表 11.2.2　基于单个玻璃片上的沉积量得到的植被区内的总沉积量 M_m、植被区外部的沉积量 M_b 及基于实验前后浓度的差异得到的粒子沉积量 M_{tot}

工况	M_m/g	M_b/g	（$M_m + M_b$）/g	M_{tot}/g
1	106±4	149±5	255±9	241±12
2	96±3	140±3	236±6	227±11
3	101±6	78±3	179±9	199±10
4	79±8	79±13	168±21	158±8
5	61±8	76±19	140±30	145±7
6	25±2	42±12	67±14	75±4
7*	103±3	142±4	245±7	256±12

时间尺度分析和 OBS 测量结果表明，粒子的上游供给并不影响植被区内的沉积。首先，悬浮物浓度在植被区上游和下游相同，说明在植被区长度尺度上的悬浮物浓度的变化可以忽略不计，植被区的粒子沉积速率具有空间均匀性。此外，粒子在植被区内沉积所需要的时间 $h/w_s = 2.3 \times 10^3$ s，远远大于粒子经过植被区的平流时间 $L_m/U_1 = 65 \sim 420$ s，说明植被区内不会出现粒子在植被区上游沉积导致的在植被区下游因粒子数量极大程度减小而无法沉积的现象。由于沉积速率（$w_s c$，c 为粒子浓度）是均匀的，所以粒子沉积量在空间上的差异是由再悬浮造成的。

11.2.2　速度测量实验

纵向（x）流速、横向（y）流速和垂向（z）流速分别为 u、v、w。水流的瞬时流速是用频率为 200 Hz 的 Nortek Vectrino 测量得到的。根据 Goring 和 Nikora（2002）的研究，对原始速度数据进行了去峰值处理。瞬时流速分解为时间平均流速 $(\bar{u}, \bar{v}, \bar{w})$ 和脉动流速 (u', v', w')。紊动能可由公式 $\text{TKE} = 0.5(\overline{u'^2} + \overline{v'^2} + \overline{w'^2})$ 计算得到。

植被区内的流速在单个圆柱体的尺度上存在空间变化。但本章的侧重点在于流速的纵向变化，其尺度大于单个圆柱体尺度。为了方便起见，取相邻圆柱体之间的中间位置 A 来测量流速[图 11.2.4（a）]。根据前人的研究（Chen et al.，2013），测点 A 处的时间平均流速和脉动流速接近横向平均流速，所以采用位置 A 是合理的。在实验过程中，由于人为误差，仪器放置位置存在偏差，为了评估速度测量的不确定性，需要重复放置三次探头来测量流速，发现流速和 TKE 的差异最大为 15%~20%。

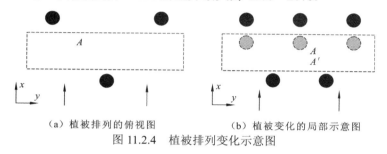

（a）植被排列的俯视图　　　　　　（b）植被变化的局部示意图

图 11.2.4　植被排列变化示意图

对于最高的植被密度（工况 3），植被之间的间距比较小，无法容纳玻璃片，所以需要对测点周围的圆柱体的布局做出调整（图 11.2.4）。具体来说，就是将测点周围的植被向下游位置移动 1.27 cm，但植被区整体密度没有改变。测点 A' 是植被没有被移动的测量位置，测点 A 是植被移动后的测量位置[图 11.2.4（b）]，在这两个位置分别进行流速测量，发现流速和 TKE 分别改变了 12%和 6%，说明植被的移动调整对水流状态的影响比较小，可以忽略不计。

根据植被顶部垂向速度的指数衰减特性，实测调整长度 X_{D*} 可以由植被顶部的垂向速度 $\bar{w}$ 的发展求得（Chen et al.，2013）。实测入侵深度 δ_{e*} 是从植被顶部到雷诺应力下降到峰值的 10%的距离（Nepf and Vivoni，2000）。

11.3　分析与讨论

11.3.1　水流结构分析

图 11.3.1 展示了工况 3（$ah = 0.67$）和工况 5（$ah = 0.12$）下时均流速和紊动水流特性沿水流方向的发展情况。由于植被阻力的作用，在植被区前端，会出现分流现象，因此在纵向流速减小[$\bar{u}$，图 11.3.1（a）、（b）]的同时伴随着垂向流速[$\bar{w}$，图 11.3.1（d）、（e）]的增大。垂向流速在植被前端（$x = 0$）最大并且经过一段距离 X_D 逐渐减小到零[图 11.3.1（d）、（e）]，纵向流速也是经过距离 X_D 逐渐达到稳定[图 11.3.1（a）、（b）]。

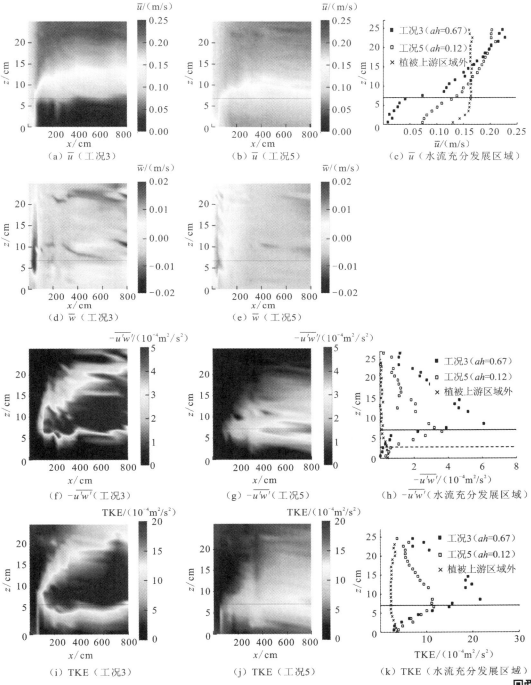

图 11.3.1　在水深平均流速相同（$U=0.16$ cm/s）的情况下，
工况 3（$ah=0.67$）和工况 5（$ah=0.12$）的水流特性对比

水深 $H=36$ cm；水平实线表示植被顶部（$z=h$），水平虚线表示植被层内的剪切层位置（$z=h-\delta_e$）

（扫一扫 看彩图）

实测调整长度 X_{D*} 和预测调整长度 X_D 基本保持一致（表 11.2.1）。当 $x > X_D$ 时，速度沿程不变（$\partial \overline{u} / \partial x = 0$）。在水流充分发展区域，植被区内的流速 U_1 在工况 5（$ah = 0.12$，$U_1 = 0.09$ m/s）下大于工况 3（$ah = 0.67$，$U_1 = 0.04$ m/s），这是由于工况 5 中植被较稀疏，阻力较小。

在植被顶部附近出现了雷诺应力的峰值[图 11.3.1（f）～（h）]，植被密度越大，雷诺应力峰值越大（工况 3），这与植被密度越大，速度差越大（U_2-U_1），剪切强度越大一致[图 11.3.1（c）]。但是，工况 3 中植被层内的雷诺应力小于工况 5，因为在较密的植被中（工况 3），剪切层的入侵深度 δ_e 是较小并且有限的（表 11.2.1）。为了更清晰地展示剪切层的入侵程度，在雷诺应力分布图中用水平虚线 $z = h - \delta_e$ 来表示工况 3 中的入侵深度[图 11.3.1（h）]，因为工况 5 的预测入侵深度大于植被高度，所以没有在图中展示。实测入侵深度和预测入侵深度[式（11.1.3）]基本一致（表 11.2.1）。在工况 3 和工况 5 中，TKE 在植被区的前缘增大[浅绿色区域，图 11.3.1（i）、（j）]。因为在植被前缘，植被处的雷诺数 $\overline{u} d / v > 120$（Liu and Nepf，2016），所以植被前端会有植被引起的茎秆紊动能，造成 TKE 的增大。当流速逐渐减小时，植被产生的茎秆紊动能也逐渐减小。然而，随着植被顶部剪切层的发展，雷诺应力和 TKE 逐渐增大。在工况 3 中，雷诺应力和 TKE 在 $x = 80$ cm 处开始逐渐增大，颜色从蓝色逐渐变为浅绿色最终变成红色。在工况 5 中，雷诺应力和 TKE 在 $x = 260$ cm 处开始逐渐增大，颜色从蓝色逐渐变为浅绿色最终变为黄色。由于植被的影响，剪切紊动能被局限在植被的上半部分，在植被顶部最为显著，在靠近水槽部分出现最低值[图 11.3.1（k）]，这一现象在工况 3 中更为明显（$\delta_e < h$）。

11.3.2 粒子沉积模式分析

图 11.3.2 展示了不同工况下，植被区内外的粒子沉积模式，植被区内的空间平均沉积量用黑色实心圆点表示，植被区外用细实线表示。植被区内的空间平均沉积量与水槽内的平均流速和植被密度有关。首先考虑工况 1（$ah = 0.25$）和工况 2（$ah = 0.12$），这两种工况水深平均流速相同（$U = 0.06$ m/s），但植被密度不同。植被区内的粒子沉积模式在空间上的分布是均匀的，与植被区外部的沉积模式相同。两种工况下的空间平均沉积量基本一致，即工况 1 为（3.39 ± 0.09）mg/cm^2，工况 2 为（3.12 ± 0.10）mg/cm^2。从沉积模式来看，在工况 1 和工况 2 中，整个水槽内的粒子没有再悬浮。

针对水深平均流速为 $U = 0.16$ m/s 的工况 3～5，沉积模式在植被区内非均匀[图 11.3.2（c）～（e）]。相比于植被区外的空间平均沉积量 Dep_o，植被区内的空间平均沉积量从植被前缘开始减小，在距离为 L_r 处达到最小。植被区内空间平均沉积量在距离植被前缘 L_p 的位置处达到最大。特征长度 L_r 和 L_p 随着植被密度的增大而减小（图 11.3.2），这与调整长度和植被密度的关系是一致的，即 $X_D \sim (ah)^{-1}$，说明植被密度越大，植被前端的水流越快达到充分发展。对于植被密度 ah 相同但水深平均流速不同的

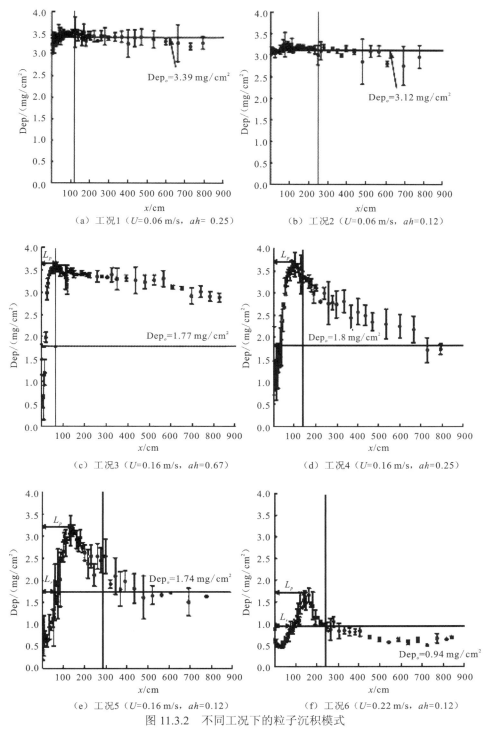

图 11.3.2 不同工况下的粒子沉积模式

植被区在 $x = 0 \sim 840$ cm。植被区外的空间平均沉积量 Dep_o 用黑色水平线表示。垂线位置表示实测的水流的调整长度 X_{D^*}。L_r 为植被前缘到沉积量最小处的距离,L_p 为植被前缘到沉积量最大处的距离

工况 5（$U=0.16$ m/s）和工况 6（$U=0.22$ m/s），特征长度 L_r 和 L_p 是相同的，证明了植被密度是决定粒子沉积模式的主导因素。特征长度 L_r 和 L_p 均随调整长度的增加而增加，它们之间的关系为 $L_r / X_{D^*} = 0.28 \pm 0.06(S_D)$，$L_p / X_{D^*} = 0.78 \pm 0.19(S_D)$，$S_D$ 为标准偏差。

在工况 3～6 的水流充分发展区域中（$x > X_{D^*}$），空间平均沉积量从位置 L_p 开始逐渐减小[图 11.3.2（c）～（f）]。在植被密度最高的工况 3[$ah=0.67$，图 11.3.2（c）]中，空间平均沉积量沿程减小最少，所以植被区出现最大的沉积量[（199±10）g，表 11.2.2]。在植被密度最小的工况 5 和工况 6（$ah=0.12$）中，空间平均沉积量相比其他工况少，尤其是水深平均流速最大的工况 6（$U=0.22$ m/s），充分发展的植被区内的空间平均沉积量（0.62 mg/cm^2）小于植被区外部的空间平均沉积量[0.94 mg/cm^2，图 11.3.2（f）]。

粒子沉积在植被区的分布模式与 TKE 和垂向流速有关。图 11.3.3 展示了工况 3 和工况 5 下垂向时均流速和 TKE 的沿程分布。在植被的前缘部分（$x=0$），垂向时均流速（1～2 cm/s）远大于粒子的沉降速度（0.003 cm/s）。这种向上的分流拖拽粒子使其远离床面，无

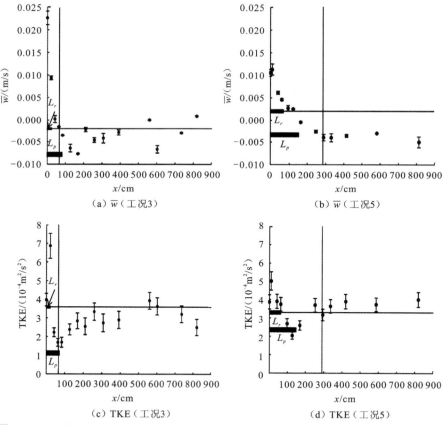

（a）$\overline{w}$（工况3）   （b）$\overline{w}$（工况5）

（c）TKE（工况3）   （d）TKE（工况5）

图 11.3.3　工况 3（$ah=0.67$）和工况 5（$ah=0.12$）下垂向时均流速和 TKE 在植被区内（$x=0\sim840$ cm）的沿程分布

■分别表示沉积量减少的前缘相对于上游和达到峰值的距离（L_r 和 L_p）。水平线表示草甸外的 TKE 水平。

垂直线表示 X_{D^*}。

法沉降。并且，植被前缘靠近河床部分的 TKE 比植被区外的 TKE 大[图 11.3.3（c）、（d）]，这一区域与特征长度 L_r 相对应。沉积量最大位置（L_p）与近河床 TKE 的最小值所在位置相对应，并且和垂向时均流速减小到零的位置相对应。具体来说，对于工况 3，垂向时均流速下降至零、TKE 达到最小值时，$x = X_{D*} = (66 \pm 16)$ cm 处[图 11.3.3（a）、（c）]，并且沉积量的峰值出现在 $L_p = (70 \pm 3)$ cm[图 11.3.2（c）]。同样地，对于工况 5，垂向时均流速下降至零、TKE 达到最小值时，$x = (130 \pm 20)$ cm[图 11.3.3（b）、（d）]，且沉积量的峰值出现在 (130 ± 20) cm[图 11.3.2（e）]。与工况 5 相比，在充分发展的区域（$x > X_{D*}$），工况 3 的近河床 TKE 较小，并且具有更高的沉积量。

11.3.3　临界起动紊动能

以往的研究表明，紊动能可以促进粒子的再悬浮（Tinoco and Coco，2016；Ortiz et al.，2013；Lefebvre et al.，2010；Zong and Nepf，2010）。根据实测的粒子空间平均沉积量，可以推断此粒子（$d_{50} = 7$ μm）再悬浮的临界紊动能。结合 11.3.2 小节的讨论，工况 1 和工况 2 中没有出现粒子的再悬浮，所以以这两种工况下的空间平均沉积量为基准，将其定义为纯沉积量[(3.24 ± 0.16) mg/cm^2]。实测的空间平均沉积量和基准线[(3.24 ± 0.16) mg/cm^2]的差值即再悬浮量。图 11.3.4 展示了所有工况下，粒子的再悬浮量和沿着植被高度平均的紊动能 $\langle TKE \rangle$ 的关系。当 $\langle TKE \rangle < 7 \times 10^{-4}$ m^2/s^2 时，粒子没有再悬浮，当 $\langle TKE \rangle$ 大于这个临界值时，$\langle TKE \rangle$ 越大，粒子的再悬浮量越大。值得注意的是，在图 11.3.4 中，再悬浮量有趋于稳定的趋势，这是由空间平均沉积量逐渐减小至零引起的。根据图 11.3.4 可知，粒子的最大可再悬浮量为 (2.9 ± 0.2) mg/cm^2。在实验结束、排干水槽的过程中，会产生 (0.29 ± 0.07) mg/cm^2 的空间平均沉积量。因此，粒子的再悬浮量为 (3.19 ± 0.27) mg/cm^2，基本与纯沉积量[(3.24 ± 0.16) mg/cm^2]一致，这表明当 $\langle TKE \rangle$ 过大时，粒子基本全部再悬浮，没有沉积量。

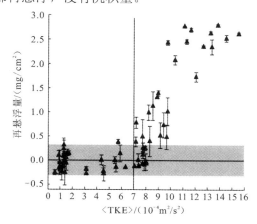

图 11.3.4　粒子再悬浮量和沿植被高度平均的紊动能 $\langle TKE \rangle$ 的关系

灰色的阴影区间是根据工况 1 和工况 2 空间平均沉积量 2 倍的标准误差求得的。当再悬浮量处于阴影区间时，认为没有发生再悬浮。垂直细实线表示临界起动紊动能

11.3.4 沉积影响因素分析

前人的研究已经注意到海草有存储和保留细小粒子的能力（van Katwijk et al.，2010；Corenblit et al.，2007；Clarke and Wharton，2001），这种能力与海草的密度有关。例如，van Katwijk 等（2010）指出，茂密的植被（$n>160$ 株/m²）可以促进河床中细小粒子和有机物含量的增加，而稀疏的植被（$n<120$ 株/m²）会导致河床中相应含量的减少。同样地，Lawson 等（2012）观察发现，在一个大叶藻植被斑块里，侵蚀现象随着植被密度（$n<250$ 株/m²）的增大而增大，但是当植被密度增大到 $n=558$ 株/m² 时，侵蚀现象减弱。本节进一步说明了植被斑块与空河床相比，是如何具有增强或减小粒子沉积能力的，并且这种能力与植被密度有关。详细来讲，在水深平均流速相同的情况下，植被密度越大（工况 3，$ah=0.67$），其粒子沉积情况就会远高于空河床[图 11.3.2（c）]。相反，植被密度越小（工况 5，$ah=0.12$），其粒子沉积情况基本与空河床一致[图 11.3.2（e）]。当植被密度 $ah=0.67$ 时，沉积增强，这与当野外实测植被密度 $ah=0.4\sim1$ 时，沉积也增强是一致的（Hansen and Reidenbach，2012；Luhar et al.，2008）。

本节的另一个发现是水深平均流速对沉积量有显著影响。以植被密度相同（$ah=0.12$），但水深平均流速不同的工况 5（$U=0.16$ m/s）和工况 6（$U=0.22$ m/s）为例，工况 5 中，充分发展的植被水流中的沉积量和空河床基本相同，但工况 6 中，充分发展的植被水流中的沉积量比空河床小。这一现象可以通过植被引起的紊动能来解释。由于水深平均流速不同，植被引起的紊动能也不同。工况 5 中充分发展的植被水流区域处，近河床紊动能是（3.8 ± 0.8）×10^{-4} m²/s²，这与空河床的近河床紊动能（3.6 ± 0.7）×10^{-4} m²/s² 相差不大[图 11.3.1（k）]，所以植被区和非植被区的空间平均沉积量是一致的[图 11.3.2（e）]。工况 6 中充分发展的植被水流区域处，近河床紊动能是（7.4 ± 1.4）×10^{-4} m²/s²，比空河床的近河床紊动能（5.1 ± 1.0）×10^{-4} m²/s² 大，所以植被区比非植被区的空间平均沉积量小[图 11.3.2（f）]。

当植被区的充分发展区域有利于细小粒子和有机物的沉积时，随着植被区内营养物质的丰富及植被种子的有效补充，会促进植被斑块的生长（Gurnell et al.，2001；Edwards et al.，1999；Scott et al.，1996）。相反，紊动能在植被斑块的前缘部分较大，沉积量减小，甚至会出现侵蚀现象（Kim et al.，2015；Zong and Nepf，2010；Corenblit et al.，2007；Cotton et al.，2006），这些都是不利于植被生长的条件。因此，当植被的长度短于植被的调整长度时，此植被斑块会很快消失。与上述发现一致，van Katwijk 等（2016）也发现了海草修复过程中，小规模种植的植被斑块有较低的成功率。

11.3.5 实测 TKE 和预测 TKE 的对比

图 11.3.5 展示了茎秆紊动产生项和剪切紊动产生项的实测值（符号表示）和模型预测值（曲线表示）随着植被密度 ah 的变化。根据 Etminan 等（2018）的数值模拟，茎秆

紊动产生项中的形状阻力系数 $C_{DF} = 0.9 C_D$，C_D 是总阻力系数。紊动产生项的实测值和预测值基本吻合。在图 11.3.5 中，茎秆紊动产生项的预测值在 $ah = 0.2$ 处有一个拐点，这是由式（11.1.15）中的系数 C 在 $\delta_e = h$ 处不连续导致的。随着植被密度的增大，植被层内的流速 U_1 减小，茎秆紊动产生项也逐渐减小。由于当植被密度增大时，植被顶部的剪切强度也逐渐增大，所以沿着植被高度平均的剪切紊动产生项刚开始随着植被密度的增大而增大，并且当 $ah > 0.5$ 时，剪切紊动产生项基本保持不变。当植被密度 ah 足够小时，剪切紊动产生项几乎可以忽略不计，因为剪切强度足够小，植被区内的茎秆紊动产生项是紊动能的主要来源。

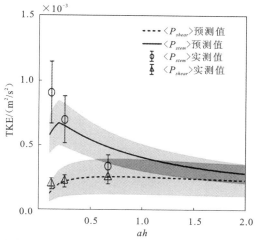

（a）茎秆紊动产生项和剪切紊动产生项的实测值和模型预测值随 ah 的变化

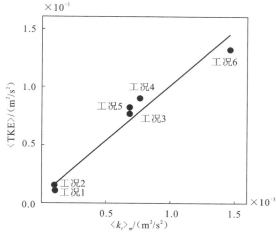

（b）所有工况下紊动能实测值 $\langle TKE \rangle$ 和紊动能预测值 $\langle k_t \rangle_m$ 的对比图

图 11.3.5　茎秆紊动产生项和剪切紊动产生项的实测值和模型预测值、紊动能实测值〈TKE〉和紊动能预测值 $\langle k_t \rangle_m$ 的对比图

灰色阴影区域表示预测值的不确定性

根据实测的沿植被高度平均的紊动能〈TKE〉，用一个比例因子 β 来拟合预测的紊动能 $\langle k_t \rangle_m$，即得到 $\beta = l_t / d = 4.0 \pm 0.6$，如图 11.3.5（b）所示。这一关系式表明，植被区内的平均紊动能长度尺度 l_t 大于茎秆直径 d。然而在非淹没植被中，当 $d / \Delta s < 0.5$ 时，Δs 是茎秆之间的距离，$l_t / d \approx 1$（Tanino and Nepf，2008）。对于淹没植被，剪切和茎秆产生的紊动尺度都存在（Poggi et al.，2004b），茎秆产生的紊动尺度是与茎秆直径 d 成比例的（Tanino and Nepf，2008），而植被剪切产生的紊动尺度取决于植被密度 ah 和淹没深度 H / h（Chen et al.，2013）。因此，平均紊动能长度尺度 l_t 大于茎秆直径 d 是合理的。此外，剪切产生的紊动能对沿植被高度平均的总紊动能的贡献遵循 $\delta_e / h \sim (ah)^{-1}$ 这一原则，所以剪切产生的紊动能的贡献比例随着植被密度的增大而减小。因此，沿植被平均的长度尺度可能会随着 ah 的增加而减小。值得注意的是，这里的比例因子 β 可能只适用于 $ah = 0.12 \sim 0.67$ 和 $H/h = 3.7 \sim 5.1$。因为剪切产生的紊动尺度随着淹没度的减小而减小（Chen et al.，2013），所以比例因子 β 可能随着 H/h 的降低而降低，并且当 H/h 趋近于 1 时，β 应该与在非淹没植被情况下一样，也趋近于 1（Tanino and Nepf，2008）。

11.3.6 野外工况探究分析

根据实验室内的测量数据，推导出预测速度[式（11.1.6）]和紊动能[式（11.1.17）]的模型，用来探索野外环境，特别是用于定义无量纲的草地密度。在这个密度下，草地内的速度降低足以抑制湍流，使其强度低于周围裸露河床的湍流强度，这种条件能够促进细颗粒物质在草地中的优先沉积和滞留。当植被区内的紊动能小于周围空河床时，将有利于植被区内的粒子沉积。值得注意的是，式（11.1.6）和式（11.1.17）均适用于水流充分发展的植被区。式（11.1.6）还假设植被区的宽度远大于植被高度，使得当水流遇到植被时，植被分流是垂向的。狭窄的植被区会产生横向分流，超出了本章的研究范围。式（11.1.17）中考虑了茎秆和植被剪切产生的紊动能，忽略了河床剪切产生的紊动能，这是因为基于实测数据，河床剪切产生的紊动能占总紊动能的不到20%，所以忽略河床剪切产生的紊动能是合理的。然而，在野外条件下，为了让植被区和非植被区的紊动能有一个平滑的过渡，考虑了河床剪切紊动产生项。参照 Yang 和 Nepf（2019）的公式，植被区的总紊动能 k_{meadow}，即河床及植被引起的紊动能之和的表达式为

$$k_{meadow} = \frac{\tau}{0.19\rho} + \left\{ \left[C_1 C_D \frac{a}{2(1-\phi)} U_1^3 + \frac{1.3}{h} C^{\frac{3}{2}} (U_2 - U_1)^3 \right] \beta d \right\}^{2/3} \tag{11.3.1}$$

式（11.3.1）等号右边第一项为河床引起的紊动能，第二项是由植被引起的紊动能。河床切应力 $\tau = \rho C_f U_1^2$，其中 C_f 是河床摩阻系数，表达式为（Julien，1995；Whiting and Dietrich，1990）

$$C_f = \frac{1}{\left(5.75 \lg \dfrac{2H}{d_{50}}\right)^2}$$ （11.3.2）

其中，d_{50} 是粒子的中值粒径。在空河床上，$a = 0$ 并且 $U_1 = U_2 = U$，所以

$$k_b = \frac{C_f}{0.19} U^2$$ （11.3.3）

式中：k_b 为空河床的紊动能。

在野外条件下，沙粒的中值粒径为 0.08～2 mm，很多海草物种生活的水深为 1～10 m（Serrano et al.，2014）。根据野外粒子的中值粒径 d_{50} 和水深 H，C_f= 0.002±0.01。Hansen 和 Reidenbach（2012）、Luhar 等（2010）总结了不同海草种类的形态特征，如植被高度 h 为 50 cm，叶片宽度 b 为 4 mm，叶片厚度 t 为 0.4 mm，植被密度 ah=0.1～10，植被的固体体积分数 $\phi = ndt$ = 0.000 4～0.04（Cabaço et al.，2009；Terrados et al.，2008；Fourqurean et al.，2007；Koch et al.，2006；Green and Short，2003；Cancemi et al.，2002；Guidetti et al.，2002；Creed，1999；Fonseca and Bell，1998；Marbá et al.，1996；Vermaat et al.，1995；Pergent-Martini et al.，1994），并且大部分淹没植被生长在 $1 \leqslant \dfrac{H}{h} \leqslant 5$ 范围内（Duarte，1991；Chambers and Kaiff，1985）。

图 11.3.6（a）展示了由式（11.1.6）推导得到的植被区内流速 U_1 的云图分布情况，且 U_1 被水深平均流速 U 无量纲化。U_1/U 与无量纲参数 ah、ϕ 和 H/h 有关，与植被高度 h、叶片宽度 b 和单位植被体积内的纵向投影面积 a 无关。因为 ah 和 H/h 的增大会促进水流的分流，所以 U_1/U 随着 ah 和 H/h 的增大而减小。这一现象在很多自然界的实测过程中也可以看到（Paul and Gillis，2015；Lacy and Wyllie-Echeverria，2011；Worcester，1995）。Fonseca 等（2019）考虑了较小范围内的植被密度和淹没度，并且认为植被密度对植被区内流速的减小影响不大，他们考虑的工况在图 11.3.6（a）中用白色点表示。而本章考虑的植被密度更广泛，足以证明植被密度对植被区内流速的影响显著。此外，作者用式（11.1.6）预测了 Fonseca 等（2019）中的流速值，发现其与实测流速值基本吻合（表 11.3.1），证实了速度模型也适用于柔性植被。

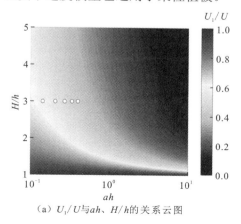

（a）U_1/U 与 ah、H/h 的关系云图

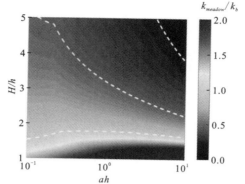

（扫一扫 看彩图）

（b）k_{meadow}/k_b 与 ah、H/h 的关系云图

图 11.3.6　U_1/U、k_{meadow}/k_b 与植被密度、淹没度的关系云图

式（11.1.6）仅对 $ah \geqslant 0.1$ 有效。预测模型中植被高度 $h = 50$ cm，叶片宽度 $b = 4$ mm，叶片厚度为 0.4 mm，$C_f = 0.002$

表 11.3.1　由 Fonseca 等（2019）测量并由式（11.1.6）预测的 U_1/U

U_1/U	植被密度					
	246 株/m²	446 株/m²	646 株/m²	846 株/m²	1 046 株/m²	1 246 株/m²
预测 U_1/U	0.34±0.02	0.41±0.02	0.45±0.02	0.50±0.02	0.53±0.02	0.56±0.02
实测 U_1/U	0.40±0.13	0.48±0.15	0.53±0.16	0.53±0.16	0.55±0.15	0.59±0.15

注：预测模型中采用偏折植被高度 $h_d = （10±2）$ cm 来代替植被高度 h。叶片宽度 $b = 3.2$ mm，水深 $H = 30$ cm。

图 11.3.6（b）展示了植被区内水流充分发展的无量纲化的紊动能 k_{meadow}/k_b 随着植被密度和淹没度的变化情况。k_b 是指空河床的紊动能，k_{meadow} 指植被区内的紊动能。白色虚线从上到下表示 $k_{meadow}/k_b = 1$、0.5 和 0.25。k_{meadow}/k_b 的变化趋势与 U_1/U 的变化趋势基本一致，随着 ah 和 H/h 的增加而减小。当 $ah > 1$ 且 $H/h > 3$ 时，k_{meadow}/k_b 减小超过 50%。与植被区内流速不同的是，由于单个长度尺度，即植被高度 h、叶片宽度 b 和单位植被体积内植被的纵向投影面积（$a = nd$）影响紊动能产生，所以紊动能的变化趋势并不仅由无量纲植被密度 ah 和淹没度 H/h 来预测。具体来说，对于相同的植被密度 ah，随着 h 的增加或 a 的减小，植被产生的紊动能都会减小。最后，当淹没度 H/h 接近于 1 时，植被区内的紊动能将会大于空河床的紊动能（$k_{meadow}/k_b > 1$），这是因为植被区内速度的降低不足以抵消茎秆引起的紊动。这与之前的研究结果一致，即在水深平均流速相同的情况下，非淹没植被区的紊动能大于空河床的紊动能（Yang et al.，2016；Tanino and Nepf，2008）。

11.4　本 章 小 结

本章考虑了淹没植被密度和水深平均流速对植被水流流速、紊动能及植被区内沉积模式的影响。在植被前缘附近，水流流速在调整长度 X_D 内逐渐减小，并最终达到稳定。调整长度 X_D 与无量纲化的植被密度呈反比例关系。当 $x < X_D$ 时，由于垂向分流和茎秆引起的紊动能增大，沉积量相对于空河床减小，即形成 L_r 区域。这一观察结果证实了植被前缘部分的重要性，即植被前缘具有和其他区域不同的粒子存储特性。在水流充分发展区域（ $x > X_D$ ），粒子沉积量与植被密度、水深及水深平均流速有关。相比于空河床上的沉积量，作者观察到了在不同工况下植被区内沉积量的增加与减小现象。沉积量的减小与由茎秆产生的紊动能导致的粒子再悬浮有关。茎秆产生的紊动能随着植被密度和淹没度的增大而减小。关于沿植被高度平均的紊动能预测模型，说明了在野外环境中植被密度和淹没度对紊动能有影响。当 $ah > 1$ 且 $H/h > 3$ 时，植被区内的紊动能明显降低，这将有利于粒子在植被区内的沉积。

第12章 泥沙沉积随机模拟及其与湍流动能的相关性分析

　　水生植被斑块对植被河道中的泥沙净沉积起着重要作用。特别地，水流会在易于引起垂直上升气流的斑块前缘减速，即分流水流区域，其中的植被对泥沙净沉积模式有很大影响。本章的重点是通过创新的 RDM（拉格朗日方法）模拟整个植被斑块区域的泥沙净沉积，该模型采用基于概率的边界条件，而不是河道底部的反射或吸附边界。根据植被斑块不同区域的流场特征，提出沉积和再悬浮的概率模型，分析泥沙沉积和再悬浮随湍流动能的变化，阐明植被诱导的湍流（以无量纲湍流动能 ψ 表示）对泥沙沉积和再悬浮的影响。该模型预测的泥沙净沉积量与实验结果吻合较好。结果表明，当植被诱导的 ψ 大于其临界值 ψ_c 时，植被对泥沙沉积和再悬浮运动的影响开始占主导地位。根据本章的模拟结果，ψ 的临界值预计在 6.8～10，当 $\psi > \psi_c$ 时，随着湍流动能的增加，沉积概率不断减小。

12.1　泥沙沉积理论

　　植被明渠水流中的涡流主要由植被产生，并且明显大于无植被河道中河床剪应力引起的涡流（Ghisalberti and Nepf，2004）。水生植被在悬移质输移（Huai et al.，2020）、推移质输移（Yang and Nepf，2018）及泥沙沉积和河床形态改变中也起着重要作用（Yang and Nepf，2018）。近几十年来，植被河道水流中的泥沙沉积受到了广泛关注（Follett and Nepf，2018；Kim et al.，2018；Beuselinck et al.，2000；Fonseca et al.，1983）。水生植被对沉积有两种相反的影响。水生植被通常会增强泥沙沉积，并产生泥沙沉积滞留区域。同时，它们还会产生额外的阻力和障碍，抑制流速，从而降低挟沙能力（Zhang et al.，2020；Zong and Nepf，2010；Gacia et al.，2003；Abt et al.，1994）。然而，一些研究人员还观察到，与裸床河道中的水流相比，由于植被茎产生了许多涡流，植被区域的沉积减少（Ganthy et al.，2015；Follett and Nepf，2012；Lawson et al.，2012）。改善天然河流的泥沙管理，如植被区的泥沙沉积和侵蚀，对河流管理具有重要意义。因此，了解水生植被对泥沙沉积和再悬浮的影响对于预测滞留或侵蚀至关重要。

　　已经使用各种方法进行了广泛的研究，以调查水生植被对泥沙沉积的影响（Huai et al.，2021）。在这些研究中，实验室实验是研究植被河道水流泥沙沉积最广泛使用的方法。Follett 和 Nepf（2018）进行了实验，以研究淹没植被中分级泥沙颗粒的滞留。他们发现，释放颗粒的位置和颗粒大小都会影响泥沙沉积的模式。Zhang 等（2020）、Zong

和 Nepf（2010）也通过实验室水槽实验研究了植被河道中的泥沙沉积。Zhang 等（2020）研究了淹没植被密度和流速对沉积模式的影响，而 Zong 和 Nepf（2010）描述了挺水植被对泥沙沉积的影响。虽然利用实验室水槽实验可以方便、直接地获得植被斑块内的泥沙沉积模式，但其低效和规模效应制约了研究的发展。随着计算资源和计算流体力学技术的发展，数值模型也得到了广泛的发展和应用，以模拟各种湍流。然而，据作者所知，对植被斑块中泥沙沉积的数值研究仍然有限（Kim et al.，2018；Tsujimoto，1999）。Kim 等（2018）、Tsujimoto（1999）的研究开发了深度平均二维模型，用来分析植被区泥沙沉积的剖面模式。然而，深度平均二维模型仅适用于较宽河道中的浅水流，而许多植被河道流不是浅水流。因此，本章试图探索 RDM 的应用，以研究植被斑块河道中的泥沙沉积，而不仅仅是浅水河道中的泥沙沉积。RDM 是一种拉格朗日方法，Huai 等（2019a）用其研究植被河道中的 SSC 分布，并扩展了该模型以研究植被河道中悬移质的输移。Follett 等（2019）通过 RDM 研究了不同颗粒释放高度的花粉在流动中的滞留。本章将进一步探索 RDM 在植被含沙水流泥沙沉积模式中的应用。

12.1.1　流场特性

如图 12.1.1 所示，水生植被斑块作为屏障，极大地改变了流场结构。在淹没植被河道中，水流进入淹没植被斑块时，流速减慢。同时，水流减速触发了垂直上升的气流，垂直速度 w 急剧增加。这种流量调整从植被斑块的入口边缘开始，并沿渗透植被区的方向发展。然后，该流量调整在位置 $x = x_D$ 处完成，此时上升气流接近于消失。根据 Chen 等（2013）的研究，调整长度 x_D 是植被密度、植被高度和阻力系数的函数：

$$x_D = (6.9 \pm 1.1)(1-\phi)h + \frac{3.0 \pm 0.4}{C_D a}(1-\phi) \tag{12.1.1}$$

式中：ϕ 为植被区域内的固体体积分数；a 为单位体积植被的前沿面积；h 为植被的高度；C_D 为植被引起的阻力系数。

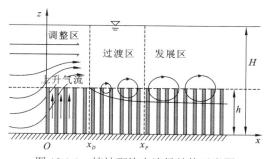

图 12.1.1　植被斑块中流场结构示意图

根据流动特征将流场划分为三个区域：调整区、过渡区和发展区。H 为水深

由于植被对斑块区域内速度的屏障效应，速度在植被顶部附近突然降低。同时，溢出速度加快。

因此，在调整区内开始形成具有涡旋结构的剪切层。剪切涡的发展受垂直上升气流的影响限制在调整区内（Ghisalberti and Nepf，2002；Raupach et al.，1996）。因此，剪切涡，即混合层，在调整区 x_D 的末端开始发展，并在 $x = x_P$ 时达到最高涡度，如图 12.1.1 所示。在下游 x_P 的位置，流动结构达到发展状态。x_P 的长度取决于涡旋结构的规模，并由植被密度和淹没深度决定（Chen et al.，2013）。确定 x_P 值的详细信息，请参见 Chen 等（2013）。

上述讨论表明了植被河道内流场结构的复杂性。根据 RDM 的控制方程，流场参数即流速和湍流扩散系数，对颗粒运动至关重要。为了获得复杂的流场参数，本节采用可实现的 k-ε 模型和多孔模型对植被河道内的流场进行了数值模拟。通过在动量方程中加入阻力项，将植被区模拟为多孔区。植被施加的阻力项可建模为

$$f_i = \frac{1}{2} \frac{C_D a}{1-\phi} \overline{u_i} \sqrt{\overline{u_j u_j}} \tag{12.1.2}$$

式中：f_i 为 x_i 方向上的植被诱导的阻力；$\overline{u_i}$ 为 x_i 方向上的时间平均速度分量；$\overline{u_j}$ 为 x_j 方向上的时间平均速度分量。关于多孔模型和系数 C_D 的更多信息可以在 Ai 等（2020）中找到。

在有淹没植被的河道中，湍流扩散系数非常复杂。在本节中，为了简化模型，湍流扩散系数近似为过渡区和发展区的湍流扩散系数。Huai 等（2019a）根据先前的实验研究结果，确定了几个典型位置的湍流扩散系数，即植被顶部（Ghisalberti and Nepf，2005）和植被带尾流区（Nepf et al.，2007）；然后线性连接这几个位置。这种湍流扩散系数模型已经被许多研究人员使用和验证（Huai et al.，2019a；Follett et al.，2016）。在调整区内，由于上升气流的影响大于扩散，垂直流速对垂直质量输运起主导作用。在本模型中，忽略该区域的垂直湍流扩散项是合理的，模拟的泥沙沉积量和实验测量的泥沙沉积量的吻合也验证了这一点。

值得注意的是，用上述多孔模型和可实现的 k-ε 模型模拟了淹没植被河道中的流速 u（纵向速度）和 w。然而，该模型并没有模拟出有挺水植被的河道中的流速和湍流扩散系数。先前的研究表明，在有挺水植被的河道中，纵向速度（Huai et al.，2009c）和湍流扩散系数（Nepf，2012a）几乎是一个常数。即使在植被的主要区域，垂直速度也在零左右。因此，在本节中，实测值被近似地应用于具有挺水植被的河道的整个流场域。

12.1.2　沉积和再悬浮概率

Gacia 等（2003）和 Zhang 等（2020）的研究表明，植被有时会增强淹没植被河道中的泥沙沉积。然而，一些研究表明，与裸床水流相比，植被有助于侵蚀，并削弱了圆形出露斑块前缘的沉积（Follett and Nepf，2012）。河床中泥沙颗粒的分布与沉积量和再悬浮量密切相关。在本节中，流场对沉积和再悬浮的影响由不同植被区的沉积和再悬浮概率表示。尽管之前的研究（Bohrer et al.，2008）中已经应用了概率边界，但在本节中，作者根据植被斑块中的流场结构提出了泥沙沉积和再悬浮的概率模型。

1. 沉积概率

沉积物颗粒的沉积受植被河道流中流场的影响。不同植被区域的流场特征差异较大。因为上升气流对沉积物的影响随着到斑块入口距离的增大而减小，假设沉积概率在植被前缘从零逐渐增加；由于随着剪切涡的发展，上升气流逐渐消失，沉积概率被假定为一个常数，超出了调整区。然后假设调整区内，即 $x \leqslant x_D$ 时，三种沉积的表达式如下：

$$P_d = -\frac{P_{d1}}{x_D^2}x^2 + \frac{2P_{d1}}{x_D}x \qquad (12.1.3)$$

$$P_d = \frac{P_{d1}}{x_D^2}x^2 \qquad (12.1.4)$$

$$P_d = \frac{P_{d1}}{x_D}x \qquad (12.1.5)$$

其中，P_d 为调整区内的沉积概率，P_{d1} 是调整区之外的沉积概率。图 12.1.2 说明了这些假设的概率分布。在该模型中，P_{d1} 是唯一未知的参数，这将根据模拟和实测的净沉积量之间的一致性来确定。通过将观测到的泥沙净沉降量和模拟的净沉降量与式（12.1.3）～式（12.1.5）进行比较，将在 12.3 节中验证调整区中最合适的沉积概率表达式。

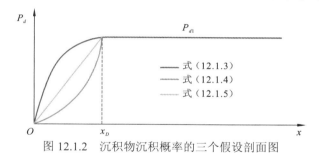

（扫一扫 看彩图）

图 12.1.2　沉积物沉积概率的三个假设剖面图

2. 再悬浮概率

Yang 等（2016）从湍流动能推导出初始泥沙运动的临界速度。在裸床水流中，初始泥沙运动主要取决于床面剪应力。因此，过去的研究认为临界速度与床面剪应力有关（Houssais et al.，2015；Recking，2009），如临界希尔兹数 θ_c。Stapleton 和 Huntley（1995）的研究表明，湍流的作用本质上表现在希尔兹图中，因为在裸床通道中，湍流动能和剪应力呈线性关系。然而，在植被覆盖的河道水流中，植被茎主导了湍流的产生（Tanino and Nepf，2008）。因此，剪应力不再替代近河床湍流，即湍流动能。近年来，许多研究试图证明湍流对泥沙起动的影响（Tang et al.，2019；Yang et al.，2016；Diplas et al.，2008）。例如，根据 Yang 等（2016）的研究，植被河道中的深度平均临界流速估算如下：

$$U_C = \frac{U_{C0}}{\sqrt{1 + \frac{\delta^2}{C_b}\left[\frac{2C_D\phi}{\pi(1-\phi)}\right]^{2/3}}} \qquad (12.1.6)$$

式中：U_{C0} 和 U_C 分别为裸床流和植被流中的深度平均临界流速；$C_b = C_f / 2$，C_f 为河床层摩擦系数；δ 为一个比例因子。

泥沙再悬浮概率由初始泥沙运动的临界速度和瞬时流速的概率密度函数导出。如式（12.1.6）所示，深度平均临界流速最常用作泥沙起动的标准。Dou（1960）根据作用在泥沙颗粒上的力平衡，推导了以下泥沙起动公式：

$$U_C = 0.408 \ln\left(\frac{H}{k_s}\right)\left[(s-1)gd_{50} + 0.19\frac{\varepsilon_k + gH\delta_p}{d_{50}}\right]^{1/2} \tag{12.1.7}$$

式中：g 为重力加速度；d_{50} 为泥沙颗粒的中值粒径；s 为泥沙密度与水密度的比值；$\delta_p = 2.13 \times 10^{-7}$ m 为薄膜水的厚度；k_s 为河床的粗糙度高度（如果 $d_{50} < 0.5$ mm，则 $k_s = 0.0005$ m）；ε_k（通常取为 2.56×10^{-6} m^3/s^2）为内聚力的综合参数。

以往的研究表明，深度平均临界流速是大多数泥沙开始运动的有效标准。然而，目前的模型更关注单个粒子的运动，尤其是在靠近河床层的区域。因此，将近河床流速而不是深度平均临界流速作为泥沙起动的判据更为准确。不同的湍流强度导致植被区和溢流区流速的概率密度函数发生变化（Nezu and Nakagawa，1993）。因此，河道底部附近的流速 u_b 被用来判断是否发生泥沙再悬浮（Marion and Tregnaghi，2013）。将河床上方两倍泥沙粒径处的泥沙视为悬移质。因此，假设 $z = 2d_{50}$ 处的流速为近河床流速 u_b。然后，根据指数速度剖面上的深度平均流速和近河床流速的速率，将深度平均临界流速 [式（12.1.7）] 转换为临界近河床流速（u_{b_c}）：

$$u_{b\_c} = 0.476(2d_{50})^{1/6} H^{-7/6} \ln\left(\frac{H}{k_s}\right)\left[(s-1)gd_{50} + 0.19\frac{\varepsilon_k + gH\delta_p}{d_{50}}\right]^{1/2} \tag{12.1.8}$$

由式（12.1.8）计算的临界近河床流速 u_{b_c} 将用于确定沉积物再悬浮的起始时间。为了阐明植被诱导的湍流动能与泥沙再悬浮之间的关系，对模拟结果和实际影响流速变化的湍流动能变化进行了分析。

根据近似于正态分布的瞬时速度波动，将起动判据即临界速度转化为泥沙颗粒的再悬浮概率。导致高度非正态分布的扫描和喷射通常发生在混合层中，并在植被顶部达到最大值（Huai et al.，2019b；Okamoto et al.，2012）。在本节中，将 $z = 2d_{50}$ 时的流速（其中喷射和扫描较弱），作为近河床流速 u_b。这样，u_b 近似于正态分布（Choi and Kwak，2001），u_b 的概率密度函数可以推导如下：

$$f(u_b) = \frac{1}{\sqrt{2\pi}\sigma} e^{-\frac{1}{2}\frac{(u_b - \bar{u}_b)^2}{\sigma^2}} \tag{12.1.9}$$

$\bar{u}_b$ 是河床层附近流速的时间平均值，$\sigma = \sqrt{(u_b - \bar{u}_b)^2}$ 为标准偏差，通常采用 $\sigma = 1$。当瞬时速度大于初始运动的临界速度时，泥沙颗粒发生再悬浮，如图 12.1.3 所示。因此，再悬浮概率 P_s 可模拟如下：

$$P_s = 1 - P(u_b < u_{b\_c}) = 1 - \int_{-\infty}^{u_{b\_c}} \frac{1}{\sqrt{2\pi}\sigma} e^{-\frac{(u_b - \bar{u}_b)^2}{2\sigma^2}} du_b \tag{12.1.10}$$

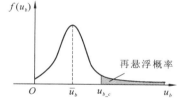

图 12.1.3　u_b 的概率密度函数和再悬浮概率图

在本模型中，到达河床的泥沙颗粒首先根据沉积概率模型沉积，然后根据再悬浮概率模型重新悬浮。从沉积和再悬浮的概念来看，沉积运动是再悬浮运动的基础。假设再悬浮概率在整个区域内是由式（12.1.10）计算的常数，因此，强调沉积概率的影响，以研究影响净沉积的主要因素，即沉积概率。

12.2　数　值　模　型

自 Taylor（1921）率先使用拉格朗日方法研究被动示踪剂的湍流扩散以来，RDM（一种轨迹模型）已用于研究湍流大气流动中的粒子轨迹。Wilson（2000）提供了 RDM 的来源和概念。在本章中，RDM 被应用于追踪有水生植被的明渠水流中的颗粒物。最近，Huai 等（2019a）应用 RDM 模拟植被河道流中的 SSC。本章追踪植被河道中泥沙颗粒的运动，创新性地考虑了河道底部的泥沙沉积。

虽然 RDM 的细节可以在 Huai 等（2019a）中找到，但为了方便和完整，本节提供了 RDM 的简要概念。

对于垂直二维模拟，泥沙颗粒的位移建模如下：

$$\Delta x = u(z) \cdot \Delta t \tag{12.2.1}$$

$$\Delta z = \left[\frac{\mathrm{d} K_z(z)}{\mathrm{d} z} - \omega \right] \cdot \Delta t + w \Delta t + R \sqrt{2 K_z(z) \Delta t} \tag{12.2.2}$$

式中：x 和 z 分别为纵向坐标和垂直坐标；Δx 和 Δz 分别为泥沙颗粒在纵向和垂直方向上的位移；Δt 为时间步长；K_z 为湍流扩散系数，表示湍流涡的强度；w 和 u 分别为垂直和纵向流速；R 为一个正态分布的随机数，平均值为 0，标准偏差为 1；ω 为泥沙颗粒的沉降速度，根据 Cheng（1997）中的公式 4 估算。

边界条件的选择对 RDM 的精度非常重要。将水面设置为反射边界（Huai et al.，2019a；Liu et al.，2018）。然而，为了精确模拟泥沙沉积，反射边界不适用于河道底床。这与以前研究中的设置有很大不同。

在当前的垂直二维模型中，泥沙的对流扩散方程为

$$\frac{\partial C}{\partial t} + \frac{\partial (uC)}{\partial x} + \frac{\partial (wC)}{\partial z} - \frac{\partial}{\partial x} \left(K_x \frac{\partial C}{\partial x} \right) - \frac{\partial}{\partial z} \left(K_z \frac{\partial C}{\partial z} \right) - \frac{\partial (\omega C)}{\partial z} + S = 0 \tag{12.2.3}$$

式中：t 为时间；K_x 为纵向弥散系数；C 为 SSC 的时空平均值；S 为源项。式（12.2.3）中，可以忽略纵向弥散项，因为该项的量级远小于纵向平流项。式（12.2.3）等号左侧的

第六项表示沉降项,它突出了沉积物颗粒和污染物之间的差异(其沉降速度通常被忽略)。

初始条件和边界条件如下:

$$C(0,x,z) = C_0 \phi_0(z) \delta(x) \tag{12.2.4}$$

$$K_x \frac{\partial C(t,x,0)}{\partial z} = -\eta C(t,x,0) \tag{12.2.5}$$

$$\frac{\partial C(t,x,H)}{\partial z} = 0 \tag{12.2.6}$$

式中:C_0 为初始含沙量;$\phi_0(z)$ 为泥沙颗粒在垂直方向上的初始分布函数(本模型中使用均匀分布);$\delta(x)$ 为狄拉克 δ 函数,这意味着所有的泥沙颗粒在 $x=0$ 时释放;H 为水流深度;η 为河道底部的泥沙沉积速率。式(12.2.5)通过引入表示综合影响的参数 η 来考虑河床处的沉积边界条件,包括沉积速率和流场对泥沙沉积的影响。根据式(12.2.6),反射边界条件指定在水面。

底部边界条件可以重写为

$$\frac{\partial C(t,x,0)}{\partial z} = -\frac{\eta}{K_z} C(t,x,0) \tag{12.2.7}$$

为了理解河道底部边界条件的概念,如果河床附近的含沙量满足以下条件,则可以去除沉积边界:

$$\frac{C(t,x,\mathrm{d}z/2) - C(t,x,-\mathrm{d}z/2)}{C(t,x,\mathrm{d}z/2)} \approx \frac{\mathrm{d}C(t,x,0)}{C(t,x,0)} = -\frac{\eta}{K_z} \mathrm{d}z \tag{12.2.8}$$

式(12.2.8)是当 $\mathrm{d}z$ 接近于 0 时,$z = 0$ 处浓度梯度的有限微分形式。沉积概率的概念如图 12.2.1 所示,图 12.2.1 中具有虚拟沉积层。通过调整含沙量以满足式(12.2.8)的要求,可用虚拟沉积边界代替真实河道底部。根据这一假设,泥沙颗粒可以通过虚拟沉积边界进入虚拟沉积层,在虚拟沉积层中泥沙颗粒应该沉积,即推移质。

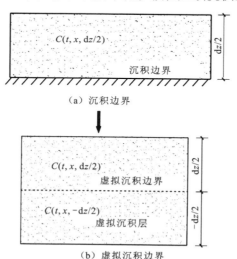

(a)沉积边界

(b)虚拟沉积边界

图 12.2.1　泥沙颗粒沉积概率的概念

在(a)中,根据沉积概率,泥沙颗粒不能通过边界并沉积在边界处。在(b)中,泥沙颗粒可以通过保持与式(12.2.8)一致的含沙量来模拟沉积边界,其可以获得与(a)相同的效果

由于式（12.2.8）中的 dz 为负值，因此颗粒在河床底部的沉积概率可以表示为

$$P_d = \frac{C(t,x,\mathrm{d}z/2) - C(t,x,-\mathrm{d}z/2)}{C(t,x,\mathrm{d}z/2)} = \left| \frac{-\eta}{K_z}\mathrm{d}z \right| \tag{12.2.9}$$

其中，P_d 是表示植被对流场综合影响的泥沙颗粒的沉积概率，可通过数值模拟获得。

12.3　分析与讨论

12.3.1　模型验证

数值模拟过程主要包括三个步骤：①采用可实现的 $k\text{-}\varepsilon$ 模型和多孔模型对流场进行模拟；②利用泥沙颗粒运动控制方程，即式（12.2.1）和式（12.2.2），结合第①步计算的流场数据和简化的湍流扩散系数，进行随机位移模拟；③通过比较模拟沉积量和实验测量沉积量，拟合未知沉积概率 P_{d1} 的值。然后，将所提出的模型应用于植被河道流中泥沙颗粒的沉积模拟，并通过将模拟结果与几个实验室实验中的测量值进行比较来进行验证，这些实验将在下面简要介绍。

1. 流速场验证

Zhang 等（2020）进行的实验用于验证流场模型。Zhang 等（2020）进行了实验，以研究不同流量和植被密度条件下淹没植被中的泥沙沉积剖面。数值域选择为 0.36 m 高、10 m 长的二维区域。植被带高 0.07 m，长 8.4 m。在该模型中，植被区的最小网格尺寸为 5 mm×5 mm。以工况 3 为例（表 12.3.1），主要实验参数为：$H = 0.36\,\mathrm{m}$，$h = 0.07\,\mathrm{m}$，$U = 0.16\,\mathrm{m/s}$，$U_1 = 0.04\,\mathrm{m/s}$，$\phi = 0.048$，$C_D = 1.3$，$x_D = 0.80\,\mathrm{m}$，$x_P = 4.65\,\mathrm{m}$，其中 U 是深度平均流速，U_1 表示植被区域内的平均纵向流速。

表 12.3.1　Zhang 等（2020）的实验参数

工况	H/m	h/m	U/（m/s）	U_1/（m/s）	ϕ	C_D	x_D/m	x_P/m	M_{tot}/g	P_{d1}/‰
1	0.36	0.07	0.06	0.02	0.018	1.4	1.33	4.65	106	2
2	0.36	0.07	0.06	0.03	0.008 4	1.3	2.30	3.32	96	2
3	0.36	0.07	0.16	0.04	0.048	1.3	0.80	4.65	101	5
4	0.36	0.07	0.16	0.07	0.018	1.2	1.30	4.65	79	40
5	0.36	0.07	0.16	0.09	0.008 4	1.1	2.30	4.65	61	50
6	0.26	0.07	0.22	0.13	0.008 4	1.1	2.30	3.32	25	20

注：M_{tot} 为植被区域的总沉积质量。

图 12.3.1 显示了 $x = 5\,\mathrm{m}$ 位置处模拟的和测量的纵向速度 u 之间的良好一致性。在植被区，模拟的纵向速度略大于实验数据。虽然多孔模型可以通过增加额外的阻力来模拟

植被的影响，但缺少真实的植被结构会削弱植被的影响，这可能是植被区模型模拟速度过高的原因。这意味着，在本模型中，速度因植被障碍物的影响而降低的程度弱于实验。然而，所提出的模型能够准确地再现淹没植被河道中的主要水流特征。

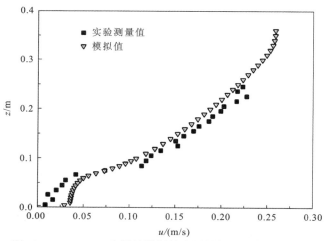

图 12.3.1　$x = 5$ m 位置处模拟的和测量的纵向速度的比较

图 12.3.2 显示了 u 和 w 的云图，其中虚线表示植被区。可以看出，植被区内的 u 减小，而溢流速度加快[图 12.3.2（a）]。垂直分流发生在植被斑块顶部附近，如图 12.3.2（b）所示。模拟结果与实测结果吻合较好，表明所建立的多孔模型和可实现的 k-ε 模型能够较好地模拟淹没植被河道的流场。

2. 沉积概率模型验证

泥沙输移（沉积和再悬浮）使用 RDM 结合计算的流场和简化的湍流扩散系数进行模拟。在模拟中，500 000 个粒子以 0.05 s 的时间步长建模。在 RDM 中，在计算域的下一个时间步，将出口处的条件指定为入口条件，以模拟循环水槽中的泥沙输移。这意味着通过出口的泥沙颗粒将返回入口，并再次在水槽中运输。本章分别用淹没植被和挺水植被对河道中的泥沙净沉积进行模拟。

为了确定哪个沉积概率[式（12.1.3）～式（12.1.5）]提供了更好的预测，将模拟的泥沙净沉积量与实验测量值进行比较。图 12.3.3 以工况 4（表 12.3.1）为例，显示了三种概率剖面[式（12.1.3）～式（12.1.5）]的模拟净沉积量结果。均方根误差

$$\text{MRE} = \frac{1}{N} \sum \left(\frac{\left| \text{Dep}_e - \text{Dep}_m \right|}{\text{Dep}_e} \right) \times 100\%$$（Dep_e 和 Dep_m 分别为实验和模拟净沉积量，N 是沉积的观测数）也绘制在图 12.3.3 中。结果表明，在三个概率剖面中，式（12.1.3）的 MRE 最小，表明式（12.1.3）模拟的泥沙净沉积量更准确。因此，沉积概率表示为

$$P_d = \begin{cases} -\dfrac{P_{d1}}{x_D^2} x^2 + \dfrac{2P_{d1}}{x_D} x, & x \leqslant x_D \\ P_{d1}, & x > x_D \end{cases}$$

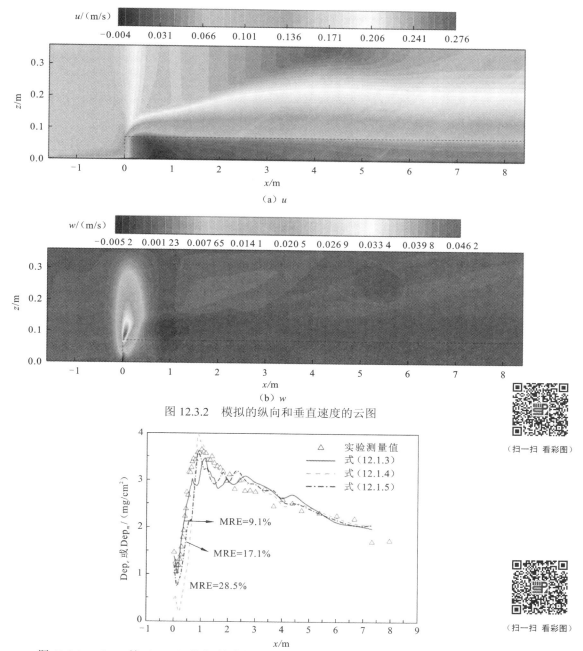

图 12.3.2　模拟的纵向和垂直速度的云图

（扫一扫 看彩图）

（扫一扫 看彩图）

图 12.3.3　Zhang 等（2020）的实验测量净沉积量与三种概率剖面的模拟净沉积量的比较

12.3.2　泥沙沉积计算结果分析

Zong 和 Nepf（2010）进行了实验，以研究密集和稀疏的挺水植被对植被覆盖半宽河道泥沙沉积的影响。表 12.3.2 列出了实验参数，其中 M_{tot} 是植被区域的总沉积质量。

然而，目前的研究并不侧重于泥沙沉积的横向分布；相反，主要研究沿流向的沉积模式。近似认为植被区域中心线的沉积是有植被的河道沉积，外部区域作为侧向导流的主要影响区，不包括植被中心线，见 Zong 和 Nepf（2010）中的图 5。图 12.3.4 显示了模拟和实验测量的泥沙净沉积量的比较，其中 Dep 表示单位面积的净沉积量。从图 12.3.4 可以看出，所提出的模型预测的泥沙净沉积量分布与实验测量值基本一致，验证了所提出模型的可靠性和准确性。这也意味着，本章提出的沉积和再悬浮概率能够适当反映流场对水生植被河道中泥沙净沉积的影响。

表 12.3.2　Zong 和 Nepf（2010）研究中的实验参数

工况	H/m	U/（m/s）	ϕ	x_D/m	x_P/m	M_{tot}/g	P_{d1}/‰
Z-Dense	0.14	0.005	0.1	2	7.5	86	1
Z-Sparse	0.14	0.014	0.02	3	7.5	95	1

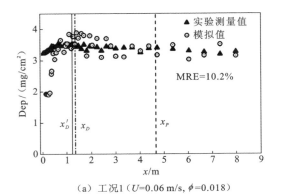

（a）密集植被斑块（Z-Dense工况）　　　　（b）稀疏植被斑块（Z-Sparse工况）

图 12.3.4　明渠水流中植被斑块区域内实验测量和模拟的泥沙净沉积量的对比图

图 12.3.5 显示了模拟的泥沙沉积分布与 Zhang 等（2020）在植被中沿纵向得到的实验室实验测量值（每种工况下的实验参数见表 12.3.1）的比较。Zhang 等（2020）重点研究了流速和植被密度对植被区泥沙净沉积量的影响。为方便起见，相关条件，如植被区域内的固体体积分数和深度平均流速，也如图 12.3.5 所示。

（a）工况1（U=0.06 m/s，ϕ=0.018）　　　　（b）工况2（U=0.06 m/s，ϕ=0.008 4）

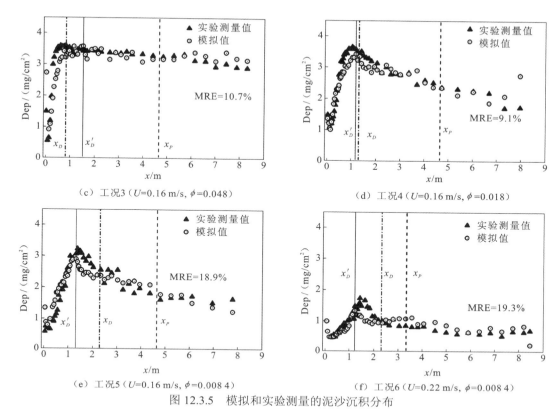

（c）工况3（U=0.16 m/s，ϕ=0.048）　　　（d）工况4（U=0.16 m/s，ϕ=0.018）

（e）工况5（U=0.16 m/s，ϕ=0.008 4）　　　（f）工况6（U=0.22 m/s，ϕ=0.008 4）

图 12.3.5　模拟和实验测量的泥沙沉积分布

垂直实线表示模型中最大泥沙净沉积量的位置（x'_D）；而点画线和虚线分别是调整区（x_D）和过渡区（x_P）的末端，

这两条线将植被斑块分为三部分

　　图 12.3.5 中的结果表明，由于上升气流的影响，植被前缘的泥沙净沉积量较小。在泥沙净沉积量较小的前缘区域内，随着纵向距离的增加，泥沙净沉积量急剧增加。对于工况 1 和工况 2，泥沙再悬浮概率与其他工况略有不同。表 12.3.1 显示，这两种工况下的速度远小于其他工况下的速度；因此，湍流强度也很小。因而，植被对再悬浮的影响微不足道。这导致再悬浮概率为零，Zhang 等（2020）也证实了这一点。图 12.3.5 还显示，植被上游的模拟净沉积量小于实验测量值。根据 Zhang 等（2020）的分析，对于工况 1 和工况 2，在速度最低的情况下，植被区域内的净沉积分布与植被外的净沉积分布相同，即空间均匀模式。这意味着在这些条件下，植被上升气流对净沉积模式的影响很小。然而，本章提出的沉积概率模型在所有条件下都通过逐渐增大的沉积概率考虑了上升气流的影响，这可以解释植被引导下模型模拟值与实验测量值的差异。

　　总地来说，模拟的净沉积量与测量结果一致，尤其是在 $x > x_D$ 区域。模型模拟值与实验测量值的偏差更可能出现在上升气流区，那里的垂直流速比发展区的流速要大。尽管调整区内复杂的流动结构使模拟复杂化，但所提出的模型仍能很好地模拟净沉积量。此外，模拟结果表明，预测的最大泥沙净沉积量的大小和位置与实验测量值比较一致，尽管净沉积量达到峰值的模拟和实验位置存在一些偏差［如图 12.3.5（c）所示的工况 3］。

除工况 3 外，模拟的泥沙净沉积量达到峰值的位置 x_D' 始终位于 Chen 等（2013）得出的调整区长度 x_D 之前。这些结果表明，垂直上升气流似乎在计算出的 x_D 之前消失，这也被 Follett 和 Nepf（2018）研究的结果所证实。因此，可以得出结论：净沉积量在 x_D 之前达到最大值。

工况 1～3 的总沉积量大于工况 4～6，而工况 1～3 的沉积概率明显小于工况 4～6。这种现象可归因于两个事实。第一，对于工况 1 和工况 2，尽管其流速小、湍流强度弱，泥沙沉积概率很小，但在弱湍流的影响下，再悬浮很少存在，导致总沉积量较大。在这些条件下，植被和剪应力对泥沙沉积的影响是可比的。第二，一方面，随着工况 3 整体流速增加到与工况 4～6 相同的量级，湍流强度不再比其他工况小。在这种情况下，水生植被对沉积起着重要作用，这与低流速条件下的情况截然不同。这意味着由于强湍流，沉积概率很小。另一方面，如工况 3～5 所证实的，茂密的植被（意味着更多的障碍物）会产生较小的水流挟沙能力和较大的净沉积量（净沉积量随植被密度的增加而增加）。这些讨论很好地解释了工况 1～3 的净沉积量较大，而沉积概率较小。

12.3.3　湍流动能与泥沙运动的相关性

将湍流动能作为湍流特征参数，探讨了泥沙净沉积/再悬浮与湍流强度之间的关系。如 12.1.2 小节所述，泥沙起动与湍流动能密切相关。这是因为在植被含沙水流中，湍流主导了植被区的输沙；而在无植被河道水流中，决定泥沙输移的是剪应力。根据 Tanino 和 Nepf（2008）的研究，植被诱导的湍流动能 k 可以表示为

$$k = \delta^2 \left[\frac{2C_D\phi}{\pi(1-\phi)} \right]^{2/3} U^2 \tag{12.3.1}$$

当植被茎径与茎间平均间隔的比值小于 0.56 时，本节使用比例因子 $\delta = 1.1$（Tanino and Nepf，2008）。泥沙在水流中的运动与泥沙的固有特性（如泥沙粒径或相对密度）及水流特性（如流速或湍流动能）密切相关。为了分析湍流动能和泥沙运动之间的关系，湍流动能可以通过沉积物颗粒的特征参数进行归一化，即 $(s-1)gd_{50}$，这与希尔兹数的计算方法相似。无量纲湍流动能 ψ 可以写成：

$$\psi = \frac{\delta^2}{(s-1)gd_{50}} \left[\frac{2C_D\phi}{\pi(1-\phi)} \right]^{2/3} U^2 \tag{12.3.2}$$

1. 湍流动能与沉积的相关性

图 12.3.6 显示了沉积概率 P_{d1} 随无量纲湍流动能 ψ 的变化，论证了植被引起的湍流对泥沙沉积的影响。从图 12.3.6 可以看出，根据工况 3～6 的条件，当 ψ 在 10～37 时，沉积概率随着湍流动能的增加而降低。这种情况可以用植被诱导的湍流动能对泥沙运动的影响来解释。Kim 等（2018）的研究发现，强烈的湍流会抑制沉积物沉积。这种现象可以用沉积物沉积和再悬浮的潜在机制来解释。泥沙运动与流场特征的密切关系表明，

强湍流涡增强了泥沙的再悬浮，削弱了泥沙的沉积。此外，由于植被引起的涡旋，沉积物颗粒通常向上移动（Tinoco and Coco，2016）。因此，河床附近的含沙量和虚拟沉积层均降低。Engelund 和 Fredsoe（1976）的研究表明，初始泥沙运动并非在瞬间完成；相比之下，上层沉积物很容易被水流悬浮。从这个角度来看，当湍流强度增强（即 ψ 增加）时，上层沉积物的浓度变化 $\Delta C(t, x, dz/2)$ 比虚拟沉积层浓度的变化 $\Delta C(t, x, -dz/2)$ 更大。因此，根据式（12.2.9），与弱湍流动能条件下的沉积概率相比，泥沙沉积概率较小。

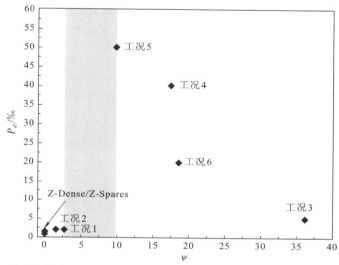

图 12.3.6　泥沙沉积概率 P_{d1}（由调整区外的沉积概率表示）随无量纲湍流动能 ψ 的变化

灰色区域表示临界湍流动能的范围

对于本节下面用"小工况"表示的"工况 1 和工况 2，以及 Z-Dense 工况和 Z-Sparse 工况"，流速和植被雷诺数远小于工况 3～6 中的流速和植被雷诺数（表 12.3.1 和表 12.3.2）。"小工况"的沉积概率 P_{d1}=1‰或 2‰，与无植被的河道相似，相应的无量纲湍流动能在（0，2.5）内。与裸床河道水流相比，小流速和植被雷诺数引起的弱湍流强度对泥沙淤积和再悬浮的影响较小。沉积概率与裸床河道相同，植被斑块区的净沉积剖面接近平坦。在"小工况"中，增加的湍流动能不能提高泥沙沉积概率，这表明在冠层诱导的湍流动能产生影响之前，存在一个临界值 ψ_*，该临界值主导泥沙运动。结果表明，用 ψ_* 表示的 ψ 的临界值为 2.5～10。

上述分析表明，流速和植被密度是影响湍流动能的主要因素[式（12.3.2）]。然而，目前的研究表明，这两个因素可能以不同的方式影响湍流动能。深度平均流速代表整个当前运动的状态，并且在湍流动能上比植被密度所起的作用更为重要，如式（12.3.2）中 U 和 ϕ 的不同指数所示。本章的结果表明，如果流速很小（类似于"小工况"），那么无论是密集的还是稀疏的植被，植被对沉积的影响都很小。当流速足够大，足以产生强湍流时，植被效应开始变得显著。沉积概率随着植被密度的增加而不断降低（如工况 3～5），如图 12.3.6 所示。

2. 湍流动能与再悬浮的相关性

湍流可以促进颗粒物的再悬浮运动。Zhang 等（2020）将工况 1 和工况 2 中的沉积 [（3.24 ± 0.16）mg/cm²] 作为无再悬浮的推断沉积量，并根据实测净沉积量和该推断沉积量之间的偏差计算沉积物再悬浮量。采用与 Zhang 等（2020）相同的方法，图 12.3.7 显示了模拟和实验测量再悬浮量 M_res 的比较[图 12.3.7（a）]，以及再悬浮量和无量纲湍流动能 ψ 之间的关系[图 12.3.7（b）]。模拟和实验测量的再悬浮量之间的良好一致性进一步验证了本模型。从图 12.3.7（b）可以看出，$\psi<6.8$ 时再悬浮量较小，然后随着湍流动能的增加而增加。这意味着存在一个临界湍流动能，即本章中的 $\psi_*=6.8$，它也在根据沉积和 ψ 分析推断的临界值范围内（图 12.3.6）。考虑到沉积和再悬浮与湍流动能之间的关系，ψ_* 可以进一步估计为 $6.8<\psi_*<10$。这意味着，当湍流动能高于临界值时，植被诱导的湍流主导了沉积物颗粒的运动，即沉积和再悬浮。

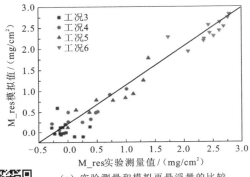

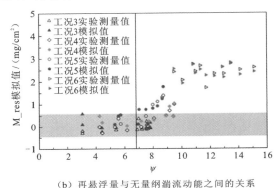

（a）实验测量和模拟再悬浮量的比较　　　（b）再悬浮量与无量纲湍流动能之间的关系

图 12.3.7　各工况下参数之间的关系

灰色区域表示湍流动能影响不显著的范围

（扫一扫 看彩图）

12.3.4　基于概率的边界模型讨论

本书使用的沉积边界是指污染物的吸附边界（Wang and Huai，2019）。由于本书中的沉积物颗粒较小，因此模拟的净沉积量与实验测量结果吻合良好，即 Zhang 等（2020）的研究中 $d_{50}=7\ \mu m$，Zong 和 Nepf（2010）的实验中 $d_{50}=12\ \mu m$。是否考虑沉降速度是沉积物和通常忽略其沉降速度的污染物之间的主要区别。因此，由于沉降速度较小，细颗粒泥沙的输运可能与污染物的输运相似。图 12.3.4 和图 12.3.5 显示，Zong 和 Nepf（2010）实验中模拟的净沉积量和测量净沉积量之间的偏差大于 Zhang 等（2020）的实验，这可能是因为这两个实验中的沉积物直径不同。此外，Zong 和 Nepf（2010）实验中观测到的净沉积量在调整区下游沿流向的整体变化趋势比模拟净沉积量平坦得多。这一结果表明，颗粒直径对该模型的精度有影响。总地来说，本书提出的模型适用于细颗粒沉积物，沉积边界的研究是污染物吸附边界理论研究的一个进展。

为了模拟泥沙运动特征，即沉积和再悬浮，将纯吸附边界改为基于概率的边界。以工况 3～5 为例，图 12.3.8 分别显示了具有纯吸附边界和基于概率边界的沉积物沉积模式。纯吸附边界忽略了这样一个事实，即暂时到达河床的泥沙颗粒不能完全停留在那里，大部分泥沙颗粒将通过湍流被从河床带走。因此，纯吸附边界不能很好地模拟有植被的河道中的泥沙沉积。然而，基于概率的边界模型考虑了颗粒运动的这种不稳定性，并且适应了流场结构。此外，在植被前缘，基于概率的边界模型与纯吸附边界之间存在较大的偏差，表明调整区的上升气流影响在泥沙运动中起着重要作用。对比表明，该模型在模拟植被河道泥沙沉积方面具有优越性。

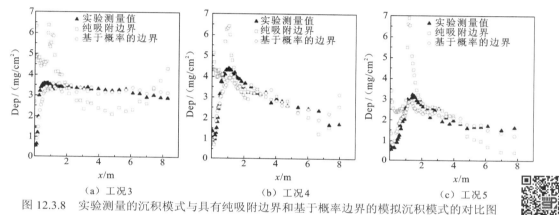

（a）工况 3　　　　　　（b）工况 4　　　　　　（c）工况 5
图 12.3.8　实验测量的沉积模式与具有纯吸附边界和基于概率边界的模拟沉积模式的对比图

本书提出的概率模型可以揭示植被与沉积物沉积和再悬浮之间的相互作用。再悬浮概率由近河床平均流速的概率密度函数导出，而沉积概率必须通过实验数据进行校准。为了更好地描述沉积概率，需要足够的实验数据。虽然实验数据有限，但本书通过分析无量纲湍流动能和研究泥沙沉积概率与湍流动能之间的关系，得到了一些发现。分析表明，在本书的 ψ 范围内，当湍流动能大于其临界值时，沉积概率随湍流动能的增加而降低，植被对泥沙沉积的影响占主导地位。然而，这一问题尚未得到定量分析；由于实验数据有限，无法推导出用于确定沉积概率的公式，这是公认的难以克服的问题。还需要进一步的实验来探索泥沙运动与湍流动能之间的关系。

12.3.5　颗粒运动深入讨论

Zhang 等（2020）计算的再悬浮量是一个相对值，这意味着计算的所有再悬浮量都与工况 1 和工况 2 中的平均沉积量有关。他们解释说，在其他工况下，再悬浮运动导致沉积量降低。通过分析不同条件下的相对值，该方法可以在一定程度上显示实验期间（如实验的 4 h 内）的流场特性对沉积和再悬浮的影响。然而，该方法很难阐明泥沙颗粒沉积和再悬浮运动的过程。在本章中，数值模型，即 RDM，跟踪粒子的运动；通过分别计算沉积和再悬浮颗粒的数量，可以清楚沉积和再悬浮过程。

以工况 3 为例，图 12.3.9 显示了无再悬浮时的总净沉积量、有再悬浮时的测量和模拟净沉积量，以及模拟再悬浮量。12.3.1 小节已经讨论了模型的有效性，因此，希望从模型中推断泥沙颗粒的运动。根据本模型，在上升气流的影响下，植被前缘的沉积概率很小，而根据近河床流速计算的再悬浮模式在整个区域内是一个常数。图 12.3.9 显示，沿纵向的再悬浮模式与无再悬浮的沉积模式相同，尽管沉积模式和再悬浮模式在调整区中不同。研究还发现，沉积物的大小大于再悬浮。结果表明，沉积运动对最终沉积模式的影响比再悬浮运动更重要。本章中讨论的泥沙沉积实验是通过在水槽上游放入泥沙进行的。这意味着颗粒在河床层中的沉积是再悬浮的先决条件。因此，这一发现与再悬浮的概念是一致的。对于另一种实验方法，即在河床中铺设沉积层（Tinoco and Coco，2016），很明显再悬浮主导了沉积物颗粒的运动，而沉积在研究中被忽略。不同的实验方法可能解释了本章与 Tinoco 和 Coco（2016）之间的两个完全不同的发现。从目前模型的结果来看，澄清再悬浮分析的定义非常重要。

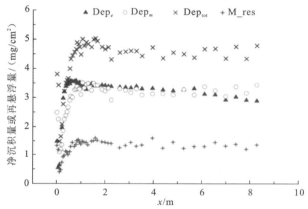

（扫一扫 看彩图）

图 12.3.9　工况 3 中有再悬浮时的测量净沉积量（Dep$_e$）与模拟净沉积量（Dep$_m$）、无再悬浮时的总净沉积量（Dep$_{tot}$）和模拟的再悬浮量（M_res）的对比图

12.3.6　RDM 讨论

RDM 已成功用于模拟完全发展状态下 SSC 的垂直剖面（Huai et al.，2019a）。本章提出的河道底部边界条件将沉积与再悬浮概率模型关联起来，进一步拓展了该模型在水生植被区泥沙沉积研究中的应用，将极大地促进泥沙沉积研究的发展。

尽管 RDM 已成功地用于模拟植被河道的输沙量，但仍存在一定的局限性，Wilson（2000）已经讨论过。本章基于目前的研究目标简要讨论了 RDM 的局限性。首先，RDM 难以模拟河床近场的分散特性。在有植被的河道中，植被茎和河床诱导的涡旋不能被 RDM 再生。与以前的研究相比，Duman 等（2016）采用广义拉格朗日方法跟踪冠层子层中的重粒子运动，研究了重粒子的远距离扩散。该模型可以容纳所有的湍流速度分量，有利于将湍流动能与再悬浮和沉积联系起来。此外，RDM 中使用的流场是时间平均的，不能模拟速度波动。相比之下，速度根据广义拉格朗日方程随时间演化。然而，在本章中，流场更加复杂，特别是在植被草甸的前缘区域。对于这种复杂的流动情况，应用广义拉格朗日方法是困难的，因为许多参数，如速度波动，需要校准。在本章中，重点研究了基于概率的边界模型对沉积的影响，并试图找到沉积与湍流动能之间的关系。必须控制变量的数量，以确保可靠的结果。因此，虽然该模型不能再现河床近场的分散特性，但对实现本章的目标影响不大。此外，本章中底部边界条件的应用在一定程度上弥补了 RDM 在河床近场的局限性，模拟结果和实测的净沉积结果吻合良好。因此，考虑到其简单性和物理合理性，RDM 是研究植被河道中沉积物输运的一种很好的方法。

12.4　本 章 小 结

本章模拟了植被斑块中沉积物沉积概率的剖面，并着重于通过创新的 RDM 研究湍流动能对沉积概率的影响。沉积概率在植被斑块的前缘（$x < x_D$）从零开始增加，并在区域 $x > x_D$ 处保持恒定。再悬浮概率是通过假设当瞬时速度大于初始泥沙运动的临界速度时发生泥沙再悬浮，从河床附近流速的概率密度函数推导出来的。从这项研究中可以得出以下结论：

（1）沉积物沉积概率与湍流动能 ψ 密切相关。水生植被引起的湍流动能对泥沙沉积的影响类似于 ψ 小时无植被河道中剪应力的影响。相比之下，当 ψ 大于临界值 ψ_* 时，湍流动能主导沉积物沉积，且沉积概率随着 ψ 的增加而减小。

（2）湍流动能的临界值 ψ_* 是沉积研究中的一个重要参数，因为当 $\psi > \psi_*$ 时，植被对沉积和再悬浮的影响开始占优势。由于实验数据有限，不能直接推导出临界值；然而，根据模拟分析，建议将 6.8～10 作为临界值。需要进一步的实验来确定湍流动能的特定临界值。

（3）本章中提出的创新 RDM 通过改进基于概率的沉积和再悬浮边界，而不是单纯的吸附边界，扩展了该模型在沉积物沉积中的应用。模拟的泥沙净沉积量与实测值吻合良好，验证了模型的正确性。从基于概率的边界和纯吸附边界的比较来看，本模型对于模拟河床附近的真实颗粒运动非常准确，这表明 RDM 有所改进。

（4）在本模型中，沉积概率用于说明植被斑块前缘的泥沙运动，而再悬浮和沉积都被合理地考虑在调整区之外。这项研究表明，植被对泥沙输移的主要影响在植被斑块的不同区域有所不同，这有助于研究河床附近泥沙输移的潜在物理机制。

参 考 文 献

曹昀, 王国祥, 2007. 冬季菹草对悬浮泥沙的影响[J]. 生态与农村环境学报, 23(1): 54-56.

郭长城, 王国祥, 喻国华, 2006. 利用水生植物净化水体中的悬浮泥沙[J]. 环境工程, 24(6): 31-33.

胡阳, 2017. 明渠植被水流水力特性研究[D]. 武汉: 武汉大学.

吕升奇, 2008. 含刚性植物水流中悬移质泥沙分布规律实验研究[D]. 南京: 河海大学.

拾兵, 曹叔尤, 2000. 植物治沙动力学[M]. 青岛: 青岛海洋大学出版社: 103-110.

时钟, 杨世伦, 缪莘, 1998. 海岸盐沼泥沙过程现场实验研究[J]. 泥沙研究(4): 28-35.

唐雪, 2016. 淹没柔性植被水流紊动特性研究[D]. 武汉: 武汉大学.

王伟杰, 2016. 明渠植被水流流速分布解析解与阻力特性研究[D]. 武汉: 武汉大学.

薛万云, 吴时强, 吴修锋, 等, 2017. 刚性植被区域床面泥沙起动特性[J]. 水科学进展, 28(6): 849-857.

ABT S, CLARY W P, THORNTON C, 1994. Sediment deposition and entrapment in vegetated streambeds[J]. Journal of irrigation and drainage engineering, 120(6): 1098-1111.

AI Y D, LIU M, HUAI W X, 2020. Numerical investigation of flow with floating vegetation island[J]. Journal of hydrodynamics, 32(1) : 31-43.

ALI S Z, DEY S, 2017. Origin of the scaling laws of sediment transport[J]. Proceedings of the royal society a: Mathematical, physical & engineering sciences, 473(2197): 1-19.

ARMANINI A, CAVEDON V, 2019. Bed-load through emergent vegetation[J]. Advances in water resources, 129: 250-259.

BAGNOLD R A, 1954. Experiments on a gravity-free dispersion of large solid spheres in a Newtonian fluid under shear[J]. Proceedings of the royal society a: Mathematical, physical & engineering sciences, 225(1160): 49-63.

BAKHMETEFF B A, ALLAN W, 1945. The mechanism of energy loss in fluid friction[J]. Transactions of the American society of civil engineers, 111(1): 1043-1080.

BAPTIST M J, 2003. A flume experiment on sediment transport with flexible, submerged vegetation[C]// International Workshop on Riparian and Forest Vegetated Channels: Hydraulic, Morphological and Ecological Aspects. [S.l.]: [s.n.]: 1-12.

BAPTIST M J, BABOVIC V, UTHURBURU J R, et al., 2007. On inducing equations for vegetation resistance[J]. Journal of hydraulic research, 45(4): 435-450.

BELCHER S, JERRAM N, HUNT J, 2008. Adjustment of a turbulent boundary layer to a canopy of roughness elements[J]. Journal of fluid mechanics, 488: 369-398.

BEUSELINCK L, STEEGEN A, GOVERS G, et al., 2000. Characteristics of sediment deposits formed by intense rainfall events in small catchments in the Belgian Loam Belt[J]. Geomorphology, 32(1): 69-82.

BOHRER G, KATUL G G, NATHAN R, et al., 2008. Effects of canopy heterogeneity, seed abscission and inertia on wind-driven dispersal kernels of tree seeds[J]. Journal of ecology, 96(4): 569-580.

BOUGHTON B A, DELAURENTIS J M, DUNN W E, 1987. A stochastic model of particle dispersion in the atmosphere[J]. Boundary-layer meteorology, 40(1/2): 147-163.

BURBAN P, XU Y J, MCNEIL J, et al., 1990. Settling speeds of floes in fresh water and seawater[J]. Journal of geophysical research: Oceans, 95(C10): 18213-18220.

CABAÇO S, MACHÁS R, SANTOS R, 2009. Individual and population plasticity of the seagrass Zostera noltii along a vertical intertidal gradient[J]. Estuarine, coastal and shelf science, 82(2): 301-308.

CANCEMI G, BUIA M C, MAZZELLA L, 2002. Structure and growth dynamics of Cymodocea nodosa meadows[J]. Scientia marina, 66(4): 365-373.

CAROLLO F G, FERRO V, 2005. Flow resistance law in channels with flexible submerged vegetation[J]. Journal of hydraulic engineering, 131(7): 554-564.

CELIK A O, DIPLAS P, DANCEY C L, 2013. Instantaneous turbulent forces and impulse on a rough bed: Implications for initiation of bed material movement[J]. Water resources research, 49(4): 2213-2227.

CHAMBERS P, KAIFF J, 1985. Depth distribution and biomass of submersed aquatic macrophyte communities in relation to Secchi depth[J]. Canadian journal of fisheries and aquatic sciences, 42(4): 701-709.

CHEN G, HUAI W, ZHAO J, et al., 2010. Flow structure in partially vegetated rectangular channels[J]. Journal of hydrodynamics, 22(4): 590-597.

CHEN Z, ORTIZ A, ZONG L, et al., 2012. The wake structure behind a porous obstruction and its implications for deposition near a finite patch of emergent vegetation[J]. Water resources research, 48(9): 1-12.

CHEN Z, JIANG C, NEPF H M, 2013. Flow adjustment at the leading edge of a submerged aquatic canopy[J]. Water resources research, 49(9): 5537-5551.

CHENG N S, 1997. A simplified settling velocity formula for sediment particle[J]. Journal of hydraulic engineering, 123(2): 149-152.

CHENG N S, 2002. Exponential formula for bedload transport[J]. Journal of hydraulic engineering, 128(10): 942-946.

CHENG N S, 2011. Representative roughness height of submerged vegetation[J]. Water resources research, 47(8): 427-438.

CHENG N S, NGUYEN H T, 2011. Hydraulic radius for evaluating resistance induced by simulated emergent vegetation in open-channel flows[J]. Journal of hydraulic engineering, 137(9): 995-1004.

CHIEN N, WAN Z H, 1999. Mechanics of sediment transport[M]. New York: American Society of Civil Engineers Press.

CHOI S, KWAK S, 2001. Theoretical and probabilistic analyses of incipient motion of sediment particles[J]. KSCE journal of civil engineering, 5(1): 59-65.

CLARKE S, WHARTON G, 2001. Sediment nutrient characteristics and aquatic macrophytes in lowland English rivers[J]. Science of the total environment, 266(1/2/3): 103-112.

COCEAL O, BELCHER S, 2004. A canopy model of mean winds through urban areas[J]. Quarterly journal of the royal meteorological society, 130: 1349-1372.

COCEAL O, THOMAS T G, BELCHER S E, 2008. Spatially-averaged flow statistics within a canopy of large bluff bodies: Results from direct numerical simulations[J]. Acta geophysica, 56(3): 862-875.

CORENBLIT D, TABACCHI E, STEIGER J, et al., 2007. Reciprocal interactions and adjustments between fluvial landforms and vegetation dynamics in river corridors: A review of complementary approaches[J]. Earth-science reviews, 84(1/2): 56-86.

COTTON J, WHARTON G, BASS J, et al., 2006. The effects of seasonal changes to in-stream vegetation cover on patterns of flow and accumulation of sediment[J]. Geomorphology, 77(3/4): 320-334.

CREED J, 1999. Distribution, seasonal abundance and shoot size of the seagrass Halodule wrightii near its southern limit at Rio de Janeiro state, Brazil[J]. Aquatic botany, 65(1/2/3/4): 47-58.

DUMAN T, TRAKHTENBROT A, POGGI D, et al., 2016. Dissipation intermittency increases long-distance dispersal of heavy particles in the canopy sublayer[J]. Boundary-layer meteorology, 159(1): 41-68.

DUNN C J, LÓPEZ F, GARCÍA M H, 1996. Mean flow and turbulence in a laboratory channel with simulated vegetation[R]. Urbana: Hydrosystems Laboratory, Department of Civil Engineering, University of Illinois at Urbana-Champaign.

DEVI K, KHATUA K K, 2016. Prediction of depth averaged velocity and boundary shear distribution of a compound channel based on the mixing layer theory[J]. Flow measurement & instrumentation, 50: 147-157.

DIPLAS P, DANCEY C L, CELIK A O, et al., 2008. The role of impulse on the initiation of particle movement under turbulent flow conditions[J]. Science, 322(5902): 717-720.

DOHMEN-JANSSEN C M, HASSAN W N, RIBBERINK J S, 2001. Mobile-bed effects in oscillatory sheet flow[J]. Journal of geophysical research: Ocean, 106 (C11): 27103-27115.

DOU G R, 1960. On velocity of incipient motion[J]. Journal of hydraulic engineering, 2(4): 46-62.

DUARTE C, 1991. Seagrass depth limits[J]. Aquatic botany, 40(4): 363-377.

EDWARDS P J, KOLLMANN J, GURNELL A M, et al., 1999. A conceptual model of vegetation dynamics on gravel bars of a large Alpine river[J]. Wetlands ecology and management, 7(3): 141-153.

EINSTEIN H A, BANKS R B, 1950. Fluid resistance of composite roughness[J]. Transactions, American geophysical union, 31(4): 603-610.

EINSTEIN H A, BARBAROSSA N L, 1952. River channel roughness[J]. Transactions of the American society of civil engineers, 117(1): 1121-1132.

EINSTEIN H A, CHIEN N, 1955. Effects of heavy sediment concentration near the bed on the velocity and sediment distribution[R]. Berkeley: University of California, Berkeley.

ELDER J W, 1959. The dispersion of marked fluid in turbulent shear flow[J]. Journal of fluid mechanics, 5(4): 544-560.

ELLIOTT A H, 2000. Settling of fine sediment in a channel with emergent vegetation[J]. Journal of hydraulic engineering, 126(8): 570-577.

ENGELUND F, FREDSOE J, 1976. A sediment transport model for straight alluvial channels[J]. Nordic hydrology, 7(5): 293-306.

ENGELUND F, FREDSOE J, 1982. Sediment ripples and dunes[J]. Annual review of fluid mechanics, 14(1): 13-37.

ETMINAN V, GHISALBERTI M, LOWE R J, 2018. Predicting bed shear stresses in vegetated channels[J]. Water resources research, 54: 9187-9206.

ETMINAN V, LOWE R J, GHISALBERTI M, 2017. A new model for predicting the drag exerted by vegetation canopies[J]. Water resources research, 53(4): 3179-3196.

FERNANDES J N, LEAL J, CARDOSO A H, 2014. Improvement of the lateral distribution method based on the mixing layer theory[J]. Advances in water resources, 69(4): 159-167.

FINNIGAN J, 2000. Turbulence in plant canopies[J]. Annual review of fluid mechanics, 32: 519-571.

FISCHER-ANTZE T, STOESSER T, BATES P, et al., 2001. 3D numerical modelling of open-channel flow with submerged vegetation[J]. Journal of hydraulic research, 39(3): 303-310.

FOLLETT E, NEPF H M, 2012. Sediment patterns near a model patch of reedy emergent vegetation[J]. Geomorphology, 179: 141-151.

FOLLETT E, NEPF H M, 2018. Particle retention in a submerged meadow and its variation near the leading edge[J]. Estuaries and coasts, 41(3): 724-733.

FOLLETT E, CHAMECKI M, NEPF H M, 2016. Evaluation of a random displacement model for predicting particle escape from canopies using a simple eddy diffusivity model[J]. Agricultural and forest meteorology, 224: 40-48.

FOLLETT E, HAYS C G, NEPF H M, 2019. Canopy-mediated hydrodynamics contributes to greater allelic richness in seeds produced higher in meadows of the coastal eelgrass Zostera marina[J]. Frontiers in marine science, 6: 1-14.

FONSECA M S, BELL S S, 1998. Influence of physical setting on seagrass landscapes near Beaufort, North Carolina, USA[J]. Marine ecology progress series, 171: 109-121.

FONSECA M S, KOEHL M A R, FOURQUREAN J W, 2019. Effect of seagrass on current speed: Importance of flexibility vs. shoot density[J]. Frontiers in marine science, 6: 1-13.

FONSECA M S, KOEHL M A R, KOPP B S, 2007. Biomechanical factors contributing to self-organization in seagrass landscapes[J]. Journal of experimental marine biology and ecology, 340(2): 227-246.

FONSECA M S, ZIEMAN J C, THAYER G W, 1983. The role of current velocity in structuring eelgrass (Zostera marina L.) meadows[J]. Estuarine, coastal and shelf science, 17: 367-380.

FOURQUREAN J, MARBÀ N, DUARTE C M, et al., 2007. Spatial and temporal variation in the elemental and stable isotopic content of the seagrasses Posidonia oceanica and Cymodocea nodosa from the Illes Balears, Spain[J]. Marine biology, 151(1): 219-232.

GACIA E, DUARTE C M, 2001. Sediment retention by a Mediterranean Posidonia oceanica meadow: The balance between deposition and resuspension[J]. Estuarine, coastal and shelf science, 52(4): 505-514.

GACIA E, DUARTE C M, MARBÀ N, et al., 2003. Sediment deposition and production in SE-Asia seagrass meadows[J]. Estuarine, coastal and shelf science, 56(5/6): 909-919.

GANTHY F, SOISSONS L, SAURIAU P, et al., 2015. Effects of short flexible seagrass Zostera noltei on flow, erosion and deposition processes determined using flume experiments[J]. Sedimentology, 62(4): 997-1023.

GHISALBERTI M, 2009. Obstructed shear flows: Similarities across systems and scales[J]. Journal of fluid mechanics, 641: 51-61.

GHISALBERTI M, NEPF H M, 2002. Mixing layers and coherent structures in vegetated aquatic flows[J]. Journal of geophysical research, 107(C2): 1-11.

GHISALBERTI M, NEPF H M, 2004. The limited growth of vegetated shear layers[J]. Water resources research, 40(7): 1-12.

GHISALBERTI M, NEPF H M, 2005. Mass transport in vegetated shear flows[J]. Environmental fluid mechanics, 5: 527-551.

GHISALBERTI M, NEPF H M, 2006. The structure of the shear layer in flows over rigid and flexible canopies[J]. Environmental fluid mechanics, 6(3): 277-301.

GIOIA G, BOMBARDELLI F, 2002. Scaling and similarity in rough channel flows[J]. Physical review letters, 88(1): 1-4.

GONCHAROV V N, 1962. Basic river dynamics[M]. Leningrad: Hydro-Meteorological Press.

GORING D G, NIKORA V I, 2002. Despiking acoustic Doppler velocimeter data[J]. Journal of hydraulic engineering, 128(1): 117-126.

GRAY F, CEN J, SHAH S, et al., 2016. Simulating dispersion in porous media and the influence of segmentation on stagnancy in carbonates[J]. Advances in water resources, 97: 1-10.

GREEN E, SHORT F T, 2003. World atlas of seagrasses[M]. Berkeley: University of California Press.

GRUBER R, KEMP W, 2010. Feedback effects in a coastal canopy-forming submersed plant bed[J]. Limnology and oceanography, 55(6): 2285-2298.

GUIDETTI P, LORENTI M, BUIA M, et al., 2002. Temporal dynamics and biomass partitioning in three Adriatic seagrass species: Posidonia oceanica, Cymodocea nodosa, Zostera marina[J]. Marine ecology, 23(1): 51-67.

GURNELL A, 2014. Plants as river system engineers[J]. Earth surface processes and landforms, 39: 4-25.

GURNELL A M, PETTS G E, HANNAH D M, et al., 2001. Riparian vegetation and island formation along the gravel-bed Fiume Tagliamento, Italy[J]. Earth surface processes and landforms, 26(1): 31-62.

HANSEN J, REIDENBACH M, 2012. Wave and tidally driven flows in eelgrass beds and their effect on sediment suspension[J]. Marine ecology progress series, 448: 271-287.

HANSEN J, REIDENBACH M, 2013. Seasonal growth and senescence of a Zostera marina seagrass meadow alters wave-dominated flow and sediment suspension within a coastal bay[J]. Estuaries and coasts, 36: 1099-1114.

HUAI W X, XU Z G, YANG Z H, et al., 2008. Two dimensional analytical solution for a partially vegetated compound channel flow[J]. Applied mathematics and mechanics, 29(8): 1077-1084.

HUAI W X, GAO M, ZENG Y, et al., 2009a. Two-dimensional analytical solution for compound channel flows with vegetated floodplains[J]. Applied mathematics and mechanics, 30(9): 1121-1130.

HUAI W X, ZENG Y H, XU Z G, et al., 2009b. Three-layer model for vertical velocity distribution in open channel flow with submerged rigid vegetation[J]. Advances in water resources, 32(4): 487-492.

HUAI W X, CHENG Z, HAN J, et al., 2009c. Mathematical model for the flow with submerged and emerged rigid vegetation[J]. Journal of hydrodynamics, 21(5): 722-729.

HUAI W X, HAN J, GENG C, et al., 2010. The mechanism of energy loss and transition in a flow with submerged vegetation[J]. Advances in water resources, 33(6): 635-639.

HUAI W X, YANG L, WANG W, et al., 2019a. Predicting the vertical low suspended sediment concentration in vegetated flow using a random displacement model[J]. Journal of hydrology, 578: 1-13.

HUAI W X, ZHANG J, KATUL G G, et al., 2019b. The structure of turbulent flow through submerged flexible vegetation[J]. Journal of hydrodynamics, 31(2): 274-292.

HUAI W X, YANG L, GUO Y K, 2020. Analytical solution of suspended sediment concentration profile: Relevance of dispersive flow term in vegetated channels[J]. Water resources research, 56(7): 1-35.

HUAI W X, LI S L, KATUL G G, et al., 2021. Flow dynamics and sediment transport in vegetated rivers: A review[J]. Journal of hydrodynamics, 33(3): 400-420.

HUTHOFF F, AUGUSTIJN D C M, HULSCHER S J M H, 2007. Analytical solution of the depth-averaged flow velocity in case of submerged rigid cylindrical vegetation[J]. Water resources research, 43(6): 1-10.

HOUSSAIS M, ORTIZ C P, DURIAN D J, et al., 2015. Onset of sediment transport is a continuous transition driven by fluid shear and granular creep[J]. Nature communications, 6(1): 1-8.

IKEDA S, IZUMI N, ITO R, 1991. Effects of pile dikes on flow retardation and sediment transport[J]. Journal of hydraulic engineering, 11(117): 1459-1478.

IRVINE M, GARDINER B, HILL M, 1997. The evolution of turbulence across a forest edge[J]. Boundary-layer meteorology, 84(3): 467-496.

ISHIKAWA Y, SAKAMOTO T, MIZUHARA K, 2003. Effect of density of riparian vegetation on effective tractive force[J]. Journal of forest research, 8(4): 235-246.

ISRAELSSON P H, KIM Y D, ADAMS E E, 2006. A comparison of three Lagrangian approaches for extending near field mixing calculations[J]. Environmental modelling & software, 21(12): 1631-1649.

JEON H S, OBANA M, TSUJIMOTO T, 2014. Concept of bed roughness boundary layer and its application to bed load transport in flow with non-submerged vegetation[J]. Journal of water resource and protection, 6(10): 881-887.

JORDANOVA A A, JAMES C S, 2003. Experimental study of bed load transport through emergent vegetation[J]. Journal of hydraulic engineering, 129(6): 474-478.

JULIEN P Y, 1995. Erosion and sedimentation[M]. Cambridge: Cambridge University Press.

KIM H, KIMURA I, SHIMIZU Y, 2015. Bed morphological changes around a finite patch of vegetation[J]. Earth surface processes and landforms, 40(3): 375-388.

KIM H S, KIMURA I, PARK M, 2018. Numerical simulation of flow and suspended sediment deposition within and around a circular patch of vegetation on a rigid bed[J]. Water resources research, 54(10):

7231-7251.

KLOPSTRA D, BARNEVELD H J, VAN NOORTWIJK J M, et al., 1997. Analytical model for hydraulic roughness of submerged vegetation[C]// Managing Water: Coping with Scarcity and Abundance. New York: American Society of Civil Engineers: 775-780.

KOCH E, SANFORD L P, CHEN S N, et al., 2006. Waves in seagrass systems: Review and technical recommendations[R]. Washington, D. C. : U. S. Army Corps of Engineers.

KONINGS A, KATUL G, THOMPSO S, 2012. A phenomenological model for the flow resistance over submerged vegetation[J]. Water resources research, 48: 1-9.

KOTHYARI U C, HASHIMOTO H, HAYASHI K, 2009. Effect of tall vegetation on sediment transport by channel flows[J]. Journal of hydraulic research, 47(6): 700-710.

KOUWEN N, LI R M, 1980. Biomechanics of vegetative channel linings[J]. Journal of the hydraulics division, 106(6): 1085-1103.

KUBRAK E, KUBRAK J, ROWINSKI P M, 2010. Vertical velocity distributions through and above submerged, flexible vegetation[J]. Hydrological sciences journal, 53(4): 905-920.

LACY J, WYLLIE-ECHEVERRIA S, 2011. The influence of current speed and vegetation density on flow structure in two macrotidal eelgrass canopies[J]. Limnology and oceanography: Fluids and environments, 1(1): 38-55.

LAWSON S E, MCGLATHERY K J, WIBERG P L, 2012. Enhancement of sediment suspension and nutrient flux by benthic macrophytes at low biomass[J]. Marine ecology progress series, 448: 259-270.

LE BOUTEILLER C, VENDITTI J G, 2015. Sediment transport and shear stress partitioning in a vegetated flow[J]. Water resources research, 51: 2901-2922.

LEFEBVRE A, THOMPSON C, AMOS C, 2010. Influence of Zostera marina canopies on unidirectional flow, hydraulic roughness and sediment movement[J]. Continental shelf research, 30(16): 1783-1794.

LEVY E E, 1956. River mechanics[M]. Moscow: National Energy Press.

LI B R, 1959. Calculation of threshold velocity of sediment particles[J]. Journal of sedimentary research, 4(1): 71-77.

LI S, KATUL G, 2019. Cospectral budget model describes incipient sediment motion in turbulent flows[J]. Physical review fluids, 4: 1-14.

LI S, SHI H, XIONG Z, et al., 2015. New formulation for the effective relative roughness height of open channel flows with submerged vegetation[J]. Advances in water resources, 86: 46-57.

LIANG D F, WU X F, 2014. A random walk simulation of scalar mixing in flows through submerged vegetations[J]. Journal of hydrodynamics, Ser. B, 26(3): 343-350.

LIGHTBODY A F, NEPF H M, 2006a. Prediction of near-field shear dispersion in an emergent canopy with heterogeneous morphology[J]. Environmental fluid mechanics, 6(5): 477-488.

LIGHTBODY A F, NEPF H M, 2006b. Prediction of velocity profiles and longitudinal dispersion in emergent salt marsh vegetation[J]. Limnology and oceanography, 51(1): 218-228.

LIU C, NEPF H, 2016. Sediment deposition within and around a finite patch of model vegetation over a range of channel velocity[J]. Water resources research, 51(1): 600-612.

LIU D, DIPLAS P, FAIRBANKS J D, et al., 2008. An experimental study of flow through rigid vegetation[J]. Journal of geophysical research: Earth surface, 113(F4): 101-106.

LIU C, LUO X, LIU X, et al., 2013. Modeling depth-averaged velocity and bed shear stress in compound channels with emergent and submerged vegetation[J]. Advances in water resources, 60: 148-159.

LIU X Y, HUAI W X, WANG Y, et al., 2018. Evaluation of a random displacement model for predicting longitudinal dispersion in flow through suspended canopies[J]. Ecological engineering, 116: 133-142.

LIU M Y, HUAI W X, YANG Z H, et al., 2020. A genetic programming-based model for drag coefficient of emergent vegetation in open channel flows[J]. Advances in water resources, 140: 1-11.

LÓPEZ F, GARCÍA M H, 2001. Mean flow and turbulence structure of open-channel flow through non-emergent vegetation[J]. Journal of hydraulic engineering, 127(5): 392-402.

LU Y, CHENG N S, WEI M, 2021. Formulation of bed shear stress for computing bed-load transport rate in vegetated flows[J]. Physics of fluids, 33(11): 115105.

LU S Q, 2008. Experimental study on distribution law of suspended sediment in water flow of rigid plants[D]. Nanjing: Hohai University.

LUHAR M, ROMINGER J, NEPF H, 2008. Interaction between flow, transport and vegetation spatial structure[J]. Environmental fluid mechanics, 8(5/6): 423-439.

LUHAR M, COUTU S, INFANTES E, et al., 2010. Wave-induced velocities inside a model seagrass bed[J]. Journal of geophysical research: Oceans, 115(C12): 1-15.

MARBÁ N, DUARTE C M, CEBRIÁN J, et al., 1996. Growth and population dynamics of Posidonia oceanica on the Spanish Mediterranean coast: Elucidating seagrass decline[J]. Marine ecology progress series, 137: 203-213.

MARION A, TREGNAGHI M, 2013. A new theoretical framework to model incipient motion of sediment grains and implications for the use of modern experimental techniques[M]//Experimental and computational solutions of hydraulic problems. Berlin, Heidelberg: Springer: 85-100.

MEIJER D G, VAN VELZEN E H, 1999. Prototype-scale flume experiments on hydraulic roughness of submerged vegetation[C]// Proceedings XXVIII IAHR Conference. Graz: Technical University of Graz: 1-7.

MOORE K A, 2004. Influence of seagrass on water quality in shallow regions of the Lower Chesapeake Bay[J]. Journal of coastal research, 81: 162-178.

MURPHY E, GHISALBERTI M, NEPF H, 2007. Model and laboratory study of dispersion in flows with submerged vegetation[J]. Water resources research, 43 (5): 687-696.

NEPF H M, 1999. Drag, turbulence, and diffusion in flow through emergent vegetation[J]. Water resources research, 35(2): 479-489.

NEPF H M, 2004. Vegetated flow dynamics[M]//FAGHERAZZI S, MARANI M, BLUM L K. The ecogeomorphology of tidal marshes. Washington, D. C. : American Geophysical Union: 137-163.

NEPF H M, 2011. Flow over and through biota[M]// WOLANSKI E, MCLUSKY D. Treatise on estuarine and coastal science. San Diego: Elsevier: 267-288.

NEPF H M, 2012a. Flow and transport in regions with aquatic vegetation[J]. Annual review of fluid mechanics, 44(1): 123-142.

NEPF H M, 2012b. Hydrodynamics of vegetated channels[J]. Journal of hydraulic research, 50(3): 262-279.

NEPF H M, GHISALBERTI M, 2008. Flow and transport in channels with submerged vegetation[J]. Acta geophysica, 56 (3): 753-777.

NEPF H M, VIVONI E R, 2000. Flow structure in depth-limited, vegetated flow[J]. Journal of geophysical research: Oceans, 105(C12): 28547-28557.

NEPF H M, MUGNIER C G, ZAVISTOSKI R A, 1997a. The effects of vegetation on longitudinal dispersion[J]. Estuarine coastal shelf science, 44: 675-684.

NEPF H M, SULLIVAN J A, ZAVISTOSKI R A, 1997b. A model for diffusion within emergent vegetation[J]. Limnology and oceanography, 42(8): 1735-1745.

NEPF H M, GHISALBERTI M, MURPHY E, et al., 2007. Retention time and dispersion associated with submerged aquatic canopies[J]. Water resources research, 43(4): 436-451.

NEZU I, NAKAGAWA H, 1993. Turbulence in open channel flows[M]. London: IAHR/AIRH Monograph: 215-224.

NEZU I, SANJOU M, 2008. Turburence structure and coherent motion in vegetated canopy open-channel flows[J]. Journal of hydro-environment research, 2: 62-90.

NIKORA V, GORING D, MCEWAN I, et al., 2001. Spatially averaged open-channel flow over rough bed[J]. Journal of hydraulic engineering, 127(2): 123-133.

NIKORA V, MCEWAN I, MCLEAN S, et al., 2007. Double-averaging concept for rough-bed open-channel and overland flows: Theoretical background[J]. Journal of hydraulic engineering, 133(8): 873-883.

NIKORA N, NIKORA V, O'DONOGHUE T, 2014. Velocity profiles in vegetated open channel flows: Combined effects of multiple mechanisms[J]. Journal of hydraulic engineering, 139(10): 1021-1032.

NORRIS B K, MULLARNEY J C, BRYAN K R, et al., 2017. The effect of pneumatophore density on turbulence: A field study in a Sonneratia-dominated mangrove forest, Vietnam[J]. Continental shelf research, 147: 114-127.

OKAMOTO T, NEZU I, IKEDA H, 2012. Vertical mass and momentum transport in open-channel flows with submerged vegetations[J]. Journal of hydro-environment research, 6(4): 287-297.

ORTIZ A C, ASHTON A, NEPF H, 2013. Mean and turbulent velocity fields near rigid and flexible plants and the implications for deposition[J]. Journal of geophysical research: Earth surface, 118(4): 2585-2599.

PAL D, GHOSHAL K, 2016. Effect of particle concentration on sediment and turbulent diffusion coefficients in open-channel turbulent flow[J]. Environmental earth sciences, 75: 1-11.

PARTHASARATHY R N, MUSTE M, 1994. Velocity measurements in asymmetric turbulent channel flows[J]. Journal of hydraulic engineering, 120(9): 1000-1020.

PASCH E, ROUVE G, 1985. Overbank flow with vegetatively roughened flood plains[J]. Journal of hydraulic engineering, 119(9): 1262-1278.

PAUL M, GILLIS L G, 2015. Let it flow: How does an underlying current affect wave propagation over a natural seagrass meadow?[J]. Marine ecology progress series, 523: 57-70.

PERGENT-MARTINI C, RICO-RAIMONDINO V, PERGENT G, 1994. Primary production of Posidonia oceanica in the Mediterranean Basin[J]. Marine biology, 120(1): 9-15.

PLEW D R, 2011. Depth-averaged drag coefficient for modeling flow through suspended canopies[J]. Journal of hydraulic engineering, 137(2): 234-247.

POGGI D, KATUL G G, 2008. The effect of canopy roughness density on the constitutive components of the dispersive stresses[J]. Experiments in fluids, 45(1): 111-121.

POGGI D, PORPORATO A, RIDOLF L, et al., 2004b. The effect of vegetation density on canopy sub-layer turbulence[J]. Boundary-layer meteorology, 111(3): 565-587.

POGGI D, KATUAL G G, ALBERTSON J D, 2004a. A note on the contribution of dispersive fluxes to momentum transfer within canopies[J]. Boundary-layer meteorology, 111(3): 615-621.

POGGI D, KRUG C, KATUL G G, 2009. Hydraulic resistance of submerged rigid vegetation derived from first-order closure models[J]. Water resources research, 45(10): 2381-2386.

RAUPACH M R, SHAW R H, 1982. Averaging procedures for flow within vegetation canopies[J]. Boundary-layer meteorology, 22(1): 79-90.

RAUPACH M R, FINNIGAN J J, BRUNEI Y, 1996. Coherent eddies and turbulence in vegetation canopies: The mixing-layer analogy[J]. Boundary-layer meteorology, 78(3/4): 351-382.

RECKING A, 2009. Theoretical development on the effects of changing flow hydraulics on incipient bed load motion[J]. Water resources research, 45(4): 1-16.

RICART A M, PÉREZ M, ROMERO J, 2017. Landscape configuration modulates carbon storage in seagrass sediments[J]. Estuarine, coastal and shelf science, 185: 69-76.

RIGHETTI M, 2008. Flow analysis in a channel with flexible vegetation using double-averaging method[J]. Acta geophysica, 56(3): 801-823.

ROUSE H, 1937. Modern conceptions of the mechanics of fluid turbulence[J]. Transactions of the American society of civil engineers, 102: 463-505.

ROSS O N, SHARPLES J, 2004. Recipe for 1-d Lagrangian particle tracking models in space-varying diffusivity[J]. Limnology and oceanography: Methods, 2 (9): 289-302.

ROWINSKI P M, KUBRAK J, 2002. A mixing-length model for predicting vertical velocity distribution in flows through emergent vegetation[J]. Hydrological science, 47(6): 893-904.

SALAMON P, FERNANDEZ-GARCIA D, 2006. A review and numerical assessment of the random walk particle tracking method[J]. Journal of contaminant hydrology, 87 (3): 277-305.

SCOTT M L, FRIEDMAN J M, AUBLE G T, 1996. Fluvial process and the establishment of bottomland trees[J]. Geomorphology, 14(4): 327-339.

SCHLIGHTING H, 1979. Boundary layer theory[M]. 7th ed. New York: McGraw-Hill.

SERRANO O, LAVERY P S, ROZAIMI M, et al., 2014. Influence of water depth on the carbon sequestration capacity of seagrasses[J]. Global biogeochemical cycles, 28(9): 950-961.

SHAHMOHAMMADI R, AFZALIMEHR H, SUI J, 2018. Impacts of turbulent flow over a channel bed with a vegetation patch on the incipient motion of sediment[J]. Canadian journal of civil engineering, 45(9): 803-816.

SHAMOV G E, 1952. Formulas for determining near-bed velocity and bed load discharge[C] //Proceedings of the Soviet National Hydrology Institute.[S.l.]:[s.n.]: 36.

SHI B X, 2018. Study on the vertical distribution of water flow velocity and sediment concentration in water permeable barrier[D]. Zhengzhou: Zhengzhou University.

SHIELDS A, 1936. Application of similarity principles and turbulence research to bed-load movement[M]. OTT W P, VAN UCHELEN J C, translators. Pasadena: California Institute of Technology.

SHIMIZU Y, 1994. Numerical analysis of turbulent open-channel flow over a vegetation layer using a κ-ε turbulence model[J]. Journal of hydroscience and hydraulic engineering, 11(2): 57-67.

SHIMIZU Y, TSUJIMOTO T, NAKAGAWA H, et al., 1991. Experimental study on flow over rigid vegetation simulated by cylinders with equi-spacing[J]. Proceedings of the Japan society of civil engineer, 438(II-17): 31-40.

SHIONO K, KNIGHT D W, 1988. Two dimensional analytical solutions for a compound channel[C]// Proceedings of the Third International Symposium on Refined Flow Modeling and Turbulence Measurements.[S.l.] :[s.n.]: 503-510.

SHIONO K, KNIGHT D W, 1991. Turbulent open channel flows with variable depth across the channel[J]. Journal of fluid mechanics, 222: 617-646.

SONNENWALD F, STOVIN V, GUYMER I, 2019. Estimating drag coefficient for arrays of rigid cylinders representing emergent vegetation[J]. Journal of hydraulic research, 57(4): 591-597.

STAPLETON K, HUNTLEY D A, 1995. Seabed stress determinations using the inertial dissipation method and the turbulent kinetic energy method[J]. Earth surface processes and landforms, 20(9): 807-815.

STRICKLER A, 1923. Beiträge zur Frage der Geschwindigkeitsformel und der Rauhigkeitszahlen für Ströme, Kanäle und geschlossene Leitungen[J]. Bulletin technique de la Suisse romande, 49(26): 315-321.

STOESSER T, NIKORA V I, 2008. Flow structure over square bars at intermediate submergence: Large eddy simulation study of bar spacing effect[J]. Acta geophysica, 56(3): 876-893.

STOESSER T, SALVADOR G P, RODI W, et al., 2009. Large eddy simulation of turbulent flow through submerged vegetation[J]. Transport in porous media, 78(3): 347-365.

STONE B M, SHEN H T, 2002. Hydraulic resistance of flow in channels with cylindrical roughness[J]. Journal of hydraulic engineering, 128(5): 500-506.

SUKHODOLOVA T A, SUKHODOLOV A N, 2012. Vegetated mixing layer around a finite-size patch of submerged plants: 1. Theory and field experiments[J]. Water resources research, 48: 1-16.

TAN G, FANG H, DEY S, et al., 2018. Rui-Jin Zhang's research on sediment transport[J]. Journal of hydraulic engineering, 144(6): 1-6.

TANG H W, WANG H, LIANG D F, et al., 2013. Incipient motion of sediment in the presence of emergent rigid vegetation[J]. Journal of hydro-environment research, 7(3): 202-208.

TANG C, LEI J, NEPF H M, 2019. Impact of vegetation-generated turbulence on the critical, near-bed, wave-velocity for sediment resuspension[J]. Water resources research, 55(7): 5904-5917.

TANINO Y, 2008. Flow and solute transport in random cylinder arrays: A model for emergent aquatic plant canopies[D]. Cambridge: Massachusetts Institute of Technology.

TANINO Y, NEPF H M, 2008. Lateral dispersion in random cylinder arrays at high Reynolds number[J]. Journal of fluid mechanics, 600: 339-371.

TANINO Y, NEPF H M, 2011. Laboratory investigation of mean drag in a random array of rigid, emergent cylinders[J]. Journal of hydraulic engineering, 134(1): 34-41.

TAYLOR G I, 1921. Diffusion by continuous movements[J]. Proceedings of the London mathematical society, 20(2): 196-212.

TERMINI D, 2019. Turbulent mixing and dispersion mechanisms over flexible and dense vegetation[J]. Acta geophysica, 67(3): 961-970.

TERRADOS J, RAMÍREZ-GARCÍA P, HERNÁNDEZ-MARTÍNEZ Ó, et al., 2008. State of Thalassia testudinum Banks ex König meadows in the Veracruz Reef System, Veracruz, México[J]. Aquatic botany, 88(1): 17-26.

THOM A S, 1971. Momentum absorption by vegetation[J]. Quarterly journal of the royal meteorological society, 97 (414): 414-428.

TINOCO R O, COCO G, 2016. A laboratory study on sediment resuspension within arrays of rigid cylinders[J]. Advances in water resources, 92: 1-9.

TSUJIMOTO T, 1999. Fluvial processes in streams with vegetation[J]. Journal of hydraulic research, 37(6): 789-803.

TSUJIMOTO T, KITAMURA T, 1990. Velocity profile of flow in vegetated bed channels[R]//KHL progressive report No. 1. Kanazawa : Kanazawa University : 43-55.

TOLLNER E W, BARFIELD B J, HAAN C T, et al., 1976. Suspended sediment filtration capacity of simulated vegetation[J]. Transactions of the ASAE, 19(4): 678-682.

VAN RIJN L C, 1984. Sediment transport, part II: Suspended load transport[J]. Journal of hydraulic engineering, 110(11): 1613-1641.

VAN KATWIJK M M, BOS A R, HERMUS D C R, et al., 2010. Sediment modification by seagrass beds: Muddification and sandification induced by plant cover and environmental conditions[J]. Estuarine, coastal and shelf science, 89(2): 175-181.

VAN KATWIJK M M, THORHAUG A, MARBÀ N, et al., 2016. Global analysis of seagrass restoration: The importance of large-scale planting[J]. Journal of applied ecology, 53(2): 567-578.

VÄSTILÄ K, JÄRVELÄ J, 2018. Characterizing natural riparian vegetation for modeling of flow and suspended sediment transport[J]. Journal of soils and sediments, 18(10): 3114-3130.

VELASCO D, BATEMAN A, MEDINA V, 2008. A new integrated, hydromechanical model applied to flexible vegetation in riverbeds[J]. Journal of hydraulic research, 46(5): 579-597.

VERMAAT J E, AGAWIN N S, DUARTE C M, et al., 1995. Meadow maintenance, growth and productivity of a mixed Philippine seagrass bed[J]. Marine ecology progress series, 124: 215-225.

VISSER A, 1997. Using random walk models to simulate the vertical distribution of particles in a turbulent water column[J]. Marine ecology progress series, 158(8): 275-281.

WAN MOHTAR W H M, LEE J W, AZHA N I M, et al., 2020. Incipient sediment motion based on turbulent fluctuations[J]. International journal of sediment research, 35(2): 125-133.

WANG Y F, HUAI W X, 2019. Random walk particle tracking simulation on scalar diffusion with irreversible first-order absorption boundaries[J]. Environmental science and pollution research, 26: 33621-33630.

WANG H, TANG H, YUAN S, et al., 2014. An experimental study of the incipient bed shear stress partition in mobile bed channels filled with emergent rigid vegetation[J]. Science China technological sciences, 57(6): 1165-1174.

WANG X Y, XIE W M, ZHANG D, et al., 2016. Wave and vegetation effects on flow and suspended sediment characteristics: A flume study[J]. Estuarine, coastal and shelf science, 182: 1-11.

WANG X, LI S L, YANG Z H, et al., 2022. Incipient sediment motion in vegetated open-channel flows predicted by critical flow velocity[J]. Journal of hydrodynamics, 34(1): 63-68.

WATANABE K, NAGY H M, NOGUCHI H, 2002. Flow structure and bed-load transport in vegetation flow[M] // GUO J J. Advances in hydraulics and water engineering. Singapore: World Scientific Publishing Company: 214-218.

WHITE B L, NEPF H, 2008. A vortex-based model of velocity and shear stress in a partially vegetated shallow channel[J]. Water resources research, 44: 1-15.

WHITING P J, DIETRICH W E, 1990. Boundary shear stress and roughness over mobile alluvial beds[J]. Journal of hydraulic engineering, 116(12): 1495-1511.

WILKIE L, O'HARE M T, DAVIDSON I, et al., 2012. Particle trapping and retention by Zostera noltii: A flume and field study[J]. Aquatic botany, 102: 15-22.

WILSON J D, 2000. Trajectory models for heavy particles in atmospheric turbulence: Comparison with observations[J]. Journal of applied meteorology, 39(11): 1894-1912.

WILSON C A M E, 2007. Flow resistance models for flexible submerged vegetation[J]. Journal of hydrology, 342(3/4): 213-222.

WILSON J D, YEE E, 2007. A critical examination of the random displacement model of turbulent dispersion[J]. Boundary-layer meteorology, 125 (3): 399-416.

WORCESTER S E, 1995. Effects of eelgrass beds on advection and turbulent mixing in low current and low shoot density environments[J]. Marine ecology progress series, 126: 223-232.

WU H, CHENG N S, CHIEW Y M, 2021. Bed-load transport in vegetated flows: Phenomena, parametrization, and prediction[J]. Water resources research, 57(4): 1-25.

XUE W Y, WU S Q, WU X, et al., 2017. Sediment incipient motion on movable bed in rigid vegetation environment[J]. Advances in water science, 28(6): 849-857.

YAGER E M, SCHMEECKLE M W, 2013. The influence of vegetation on turbulence and bed load transport[J]. Journal of geophysical research: Earth surface, 118(3): 1585-1601.

YAN J, 2008. Experimental study of flow resistance and turbulence characteristics of open channel flow with vegetation[D]. Nanjing: Hohai University.

YANG W, 2008. Experimental study of turbulent open-channel flows with submerged vegetation[D]. Seoul: Yonsei University.

YANG W, CHOI S, 2010. A two-layer approach for depth-limited open-channel flows with submerged vegetation[J]. Journal of hydraulic research, 48(4): 466-475.

YANG J Q, NEPF H M, 2018. A turbulence-based bed-load transport model for bare and vegetated channels[J]. Geophysical research letters, 45(19): 10428-10436.

YANG J Q, NEPF H M, 2019. Impact of vegetation on bed load transport rate and bedform characteristics[J]. Water resources research, 55(7): 6109-6124.

YANG J Q, CHUNG H, NEPF H M, 2016. The onset of sediment transport in vegetated channels predicted by turbulent kinetic energy[J]. Geophysical research letters, 43(21): 11261-11268.

YUUKI T, OKABE T, 2002. Hydrodynamic mechanism of susupended load on riverbeds vegetated by woody plants[J]. Proceedings of hydraulic engineering, 46: 701-706.

ZHANG J, LEI J, HUAI W, et al., 2020. Turbulence and particle deposition under steady flow along a submerged seagrass meadow[J]. Journal of geophysical research: Oceans, 125(5): 1-19.

ZHANG R J, XIE J H, 1989. River sediment dynamics[M]. Beijing: China Water and Power Press.

ZHANG R J, XIE J H, WANG M P, et al., 1998. River sediment dynamics[M]. 2nd ed. Beijing: China Water and Power Press.

ZHANG Y, TANG C, NEPF H M, 2018. Turbulent kinetic energy in submerged model canopies under oscillatory flow[J]. Water resources research, 54: 1734-1750.

ZHAO T, NEPF H M, 2021. Turbulence dictates bedload transport in vegetated channels without dependence on stem diameter and arrangement[J]. Geophysical research letters, 48(21): 1-11.

ZONG L, NEPF H M, 2010. Flow and deposition in and around a finite patch of vegetation[J]. Geomorphology, 116(3/4): 363-372.

ZONG L, NEPF H M, 2012. Vortex development behind a finite porous obstruction in a channel[J]. Journal of fluid mechanics, 691: 368-391.